Faszination Riesenschlangen

Mythos, Fakten und Geschichten

Henry Bellosa
Dr. Lutz Dirksen
Dr. Mark Auliya

Faszination Riesen-schlangen

Mythos, Fakten und Geschichten

blv

Vorwort
von Henry Bellosa

Träume bleiben Wunschvorstellungen, wenn man nicht hartnäckig an ihrer Verwirklichung arbeitet. Ein Buch über die größten Schlangen der Welt zu schreiben, die großen Pythons aus Asien und Afrika sowie die Große Anakonda aus Südamerika, daran haben sicherlich schon viele Schlangenbegeisterte und Schlangenforscher gedacht. Aber das umfangreiche Material schien ein einziger Autor nicht bewältigen zu können. Immerhin hatten John C. Murphy und Robert W. Henderson 1997 ein Buch mit dem Titel »Tales of Giant Snakes« herausgebracht, welches in seinem Konzept einen Teil des Themas aufgriff. Davon ausgehend ergab sich ein erster Plan für dieses vorliegende Buch: Die Datenvielfalt wurde geordnet, Fallbeispiele katalogisiert, Bildmaterial zusammengetragen, und schließlich nahm ein einheitliches Konzept Gestalt an.

Seit einigen Jahren kannte ich Lutz Dirksen und über ihn auch Mark Auliya, beide Riesenschlangenspezialisten, beide mit ebensolcher Begeisterung für die ganz Großen, wie sie bei mir nun schon seit Jahrzehnten anhält. Aus der Rückmeldung zu meiner Artikelserie »Faszination Rekordschlange« spürte ich ein großes Interesse für die größten der Riesenschlangen heraus, nicht nur bei Terrarianern, sondern bei erstaunlich vielen an der Natur Interessierten. Der Einladung von Dirksen und Auliya zu diesem Vorhaben stand nichts mehr im Wege. Die 3 größten Pythonarten und die Große Anakonda sollten Gegenstand des Buches werden!

Zugegeben, an Neuerscheinungen ist die herpetologische und terraristische Fachbibliothek nicht arm, dennoch handelt es sich bei dem vorliegenden Buch um einen Titel, der nicht nur informieren, sondern auch spannend unterhalten will.

Einer 2-Zentner-Schlange zu begegnen, ist ein Erlebnis zum Staunen und Wundern, das man so schnell nicht vergisst und das durchaus tief emotional beeindrucken kann. 6 m lange Pythons und Anakondas bleiben schon deshalb in der Erinnerung haften, weil sie uns in eine längst vergessene, archaische Welt mitnehmen, den Überlebenskampf unserer Vorfahren in der Wildnis. Es drängen sich Fragen auf – wie die Pythons leben, wie die Anakondas jagen und wie gefährlich sie für die Menschen sein mögen. Bilder von jagenden Riesen, die sich erst im Zeitlupentempo voranbewegen und dann plötzlich beschleunigen, um Beute zu machen, beschäftigen uns. Man beginnt, sich an Schilderungen und Berichte zu erinnern, und fragt sich, was Realität ist und was ins Reich der Mythen gehört.

Meinen ersten 4-m-Python sah ich 1968, und 32 Jahre später hing ein solches Tier über meinen Schultern: 43 kg schwer und zuverlässig ruhig. Niemals aber sollte man die Kraft einer solchen Schlange unterschätzen. Was ist dran an den Berichten über riesige Schlangen, die Menschen angriffen und erwürgten?

Unsere spannende Reise zu den größten Schlangen, in ihre geheimnisvolle Welt aus ruhigem Verharren und blitzschnellen Attacken kann beginnen. Sie wird ganz sicher Neues, Staunenswertes, Verblüffendes und auch Beruhigendes zurücklassen. Sicher ist, dass eine geradezu magische Faszination von diesen Mitbewohnern unseres Planeten ausgeht!

Vorwort
von Lutz Dirksen

Als Henry Bellosa mir und Mark Auliya die Buchidee vorstellte, gemeinsam über die 4 größten Schlangen zu berichten, gab es allen Grund, dieses Angebot anzunehmen. Schon lange war mir klar, dass nicht nur auf dem deutschen Markt ein Buch fehlt, welches von den rekordverdächtigen Individuen im Besonderen und den 4 größten Riesenschlangenarten im Allgemeinen handelt.
Dabei ergänzen wir uns zu dritt hervorragend, da sich jeder auf seine eigene Weise schon seit vielen Jahren mit diesen Tieren beschäftigt. Henry Bellosa ist seit über 30 Jahren mit großen Pythons und Anakondas befasst und hat mit akribischem Eifer eine Datensammlung über die größten Exemplare zusammengetragen, die ihresgleichen sucht. Mark Auliya hat über den Netzpython promoviert, ist selber für Feldstudien über 1 Jahr lang in Indonesien gewesen und arbeitet aktuell in Malaysia bei TRAFFIC Southeast Asia, einem internationalen Artenschutzprogramm von WWF und IUCN - der Weltnaturschutzunion, die den Handel von Pflanzen- und Tierarten und deren Produkten auf seinen nachhaltigen Nutzen hin untersucht. Hierzu zählt beispielsweise der Netzpython. Selber habe ich meine Doktorarbeit den Anakondas gewidmet und 5 Expeditionen nach Südamerika unternommen, wodurch auch die neuweltlichen Giganten unter den Schlangen abgedeckt werden.
Die Vielfältigkeit unseres Wissens und unserer Erfahrungen ermöglicht es uns, das Thema Riesenschlangen von ganz unterschiedlichen Seiten zu beleuchten. Es werden nicht nur die 4 rekordverdächtigen Schlangenarten und deren größte Individuen vorgestellt. Wir befassen uns auch mit der Interaktion zwischen den Riesen und uns Menschen, den Mythen und Geschichten, erzählen von Expeditionen auf der Suche nach den Schlangen, von der Gefahr und gelegentlichen Übergriffen auf Menschen, von Riesenschlangen in Menschenhand, der Erforschung ihrer Lebensweise und Biologie sowie dem leider immer noch maßlosen Handel mit Häuten für die Lederwarenindustrie.
Bei der Vielfalt der Themen können nicht immer alle Aspekte in aller Ausführlichkeit beleuchtet werden. Dieser Text erhebt keinen Anspruch, eine wissenschaftliche Abhandlung zu sein, sondern erzählt und berichtet von diesen besonders faszinierenden Geschöpfen der Natur. Im Text haben wir bewusst auf möglichst viele Fachbegriffe verzichtet, wenige biologische Begriffe sind in einem Glossar im Anhang erklärt, sodass das Buch auch für den Leser ohne jegliches Hintergrundwissen verständlich bleibt. Um wiederum dem näher interessierten Leser zu ermöglichen, sich weiter mit speziellen Themen zu beschäftigen, sind im Anhang ausgewählte Literaturhinweise und Internetseiten beigefügt.
Vor gar nicht langer Zeit hätten wir dieses Buch in dieser Form nicht schreiben können. Ohne die moderne digitale Kommunikation wäre der dazu notwendige und rege Datenaustausch nicht möglich gewesen. Ebenso, wie die »Big Four« auf 3 Kontinenten vorkommen, haben auch wir in 3 verschiedenen Ländern und Kontinenten an diesem Buch gearbeitet, genauer gesagt in Honduras, Deutschland und Malaysia.

Kapitel 1

Die 4 größten Riesenschlangen Wissen und Fakten

LINKS: Die Große Anakonda ist ein typisches Faunenelement der Llanos von Venezuela. In der Trockenzeit ziehen sich die Anakondas in die wenigen sumpfigen Tümpel zurück.

Magie der Riesenschlangen

von Henry Bellosa

SCHLANGEN HABEN schon immer die Fantasie der Menschen in besonderem Maße angeregt. In vielen Kulturen spielen sie eine wichtige Rolle in Religionen, Mythen und Legenden. Kaum eine andere Tiergruppe ist derart symbolträchtig wie die der Schlangen. Sie sind ein Symbol der Ärzteschaft, aber auch für Falschheit und Verschlagenheit. Sie stehen nicht nur für Sexualität und Kindersegen, sondern gelten zum Beispiel auch als Übermittler von Tiersprachen. Gerade diese Vielfältigkeit in den Augen der Menschen macht die Schlange zu einem Tier, das die besondere Aufmerksamkeit geradezu einfordert. Die Ursprünge dafür liegen geschichtlich weit zurück. Man darf nicht vergessen, dass es Schlangen schon viele Millionen Jahre länger gibt als jeden Primaten und erst recht als die Menschheit. Folglich entwickelte sich der Mensch im Reich der Schlangen und generell der wilden Tiere. Um zu überleben, musste sich der Mensch an diese Begebenheiten anpassen – nicht umgekehrt.

*

DIE WIEGE des Menschen stand in Afrika, einem Kontinent, der voller Gefahren durch wilde Tiere wie Raubkatzen, Krokodile, Elefanten, Skorpione, Giftschlangen und eben auch durch Riesenschlangen steckte. Nur selten machen wir uns bewusst, wie sehr auch wir modernen Menschen noch an dieses Leben in wilder Natur angepasst sind. Jedes Erschrecken durch ein plötzliches Geräusch kann eine tödliche Gefahr durch ein gefährliches Tier bedeuten. Sofort wird Adrenalin ausgeschüttet, um den Körper auf eine schnelle Flucht oder einen Defensivkampf vorzubereiten. Das ist auch heute noch so, selbst wenn es der Zugschaffner neben uns ist, der uns mit seiner

RECHTS: Fang einer Großen Anakonda. In diesem Stich von 1796 hat der Künstler viel Fantasie bewiesen.

Trillerpfeife aufschreckt. Dieses Erschrecken, und das wissen wir Autoren bestens aus eigener Erfahrung, ist besonders heftig, wenn ein Schlangenkopf auf uns zuschnellt. Auch dabei spielt es keine Rolle, ob tatsächlich eine Gefahr besteht.

*

SICHERLICH hat fast jeder schon einmal eine große Riesenschlange im Zoo oder im Zirkus gesehen und war von den Ausmaßen dieser Schlange überrascht. Kaum jemand weiß jedoch, dass dieses vielleicht 4-5 m lange Exemplar bei Weitem nicht die mögliche Rekordlänge dieser Tiere repräsentierte. Und kaum jemand vermag sich vorzustellen, dass es Schlangen auf unserem Planeten gibt, die die doppelte Länge erreichen können und gleichzeitig ein Vielfaches des Gewichtes. Man muss diesbezüglich wissen, dass Reptilien und im Besonderen Riesenschlangen im Gegensatz zu uns Säugetieren Zeit ihres Lebens weiterwachsen.

Eine moderne Schlangenenzyklopädie weist 2978 Arten in 19 Familien aus und kennt 4 Längenkategorien: Klein; bis 75 cm; mittelgroß: bis 1,5 m, groß: bis 3 m; und sehr groß: bis über 3 m Länge. Unser Buch handelt von einer 5. Kategorie: Extrem groß: über 6 m Länge. Es geht also um folgende Schlangenarten, die sich von ihrer Länge und ihrem Gewicht deutlich von der übrigen Schlangenfauna abheben und deshalb schon immer die besondere Aufmerksamkeit der Menschen auf sich gezogen haben:

- die Große Anakonda — *Eunectes murinus* (Linne, 1758)
- der Tigerpython — *Python molurus* (Linne, 1758)
- der Nördliche Felsenpython — *Python sebae* (Gmelin, 1789)
- der Netzpython — *Python reticulatus* (Schneider, 1801)

OBEN: **Ein 3 m langer Netzpython der Insel Flores, Indonesien, hat sich um einen dicken Ast gewickelt.**

NACHWEISLICH HABEN 4 Arten die 6-m-Marke überschritten und gehören somit zu den wahren Giganten unter den Riesenschlangen. Einige weitere Riesenschlangenarten erreichen gelegentlich die 5-m-Marke oder sogar darüber hinaus; sie werden an den entsprechenden Stellen genannt.

In diesem Buch stehen also die 4 größten Schlangenarten im Mittelpunkt, die wir hier die »Big Four« nennen, in Anlehnung an die »Big Five« aus dem Buch »Tales of Giant Snakes« (siehe Literatur im Anhang). Den Amethystpython haben wir nicht aufgenommen, da er bei Weitem nicht die Größe

OBEN: **Der s-förmige Hals des jungen Netzpythons zeigt, dass er in Drohstellung gegangen ist. Besonders die jungen Netzpythons klettern gerne.**

der anderen 4 Arten erreicht und es zweifelhaft bleibt, ob es je Exemplare von 6 m gab, zumal es keinen Nachweis gibt, der ernsthaft glaubwürdig ist. Außerdem wissen wir aus Erfahrung sehr genau, dass oftmals die Längen völlig falsch eingeschätzt oder von der Presse nach oben korrigiert wurden.

Um es gleich vorwegzunehmen: Die größte Schlange der Welt können auch wir nicht mit Sicherheit benennen, denn der Wahrheitsgehalt vieler Berichte lässt sich nicht mehr überprüfen. Doch hoffen wir, der Realität so nahe wie möglich zu kommen, Jägerlatein und so manche Presseente entlarven zu können. Dabei wird die oft maßlos übertriebene Gesamtlänge von großen Riesenschlangen auf Bildern mit einer neuen Messmethodik relativ realistisch ermittelt.

*

VIELLEICHT LEBT die absolute Rekordschlange an einem abgelegenen Fluss in einem Tieflandregenwald und blieb bisher unbemerkt, oder sie gab um 1900 spektakuläre Vorstellungen im Zoo Hagenbeck Hamburg, vielleicht war es aber auch der 1963 verstorbene Netzpython mit Namen Colossus aus dem Parkland-Zoo in Pittsburgh. Wenn wir alles Wissenswerte vor Ihnen ausgebreitet haben, mag die Frage nach der größten Schlange der Welt jeder selber beantworten. Im Kapitel 5 wird dargelegt, dass schon aus physiologischen Gründen keine der 4 genannten Arten eine Länge von etwa 14–15 m erreichen kann und somit Berichte über derart lange Exemplare ins Reich der Fabeln zu verweisen sind.

*

DIE »BIG FOUR« sind keine Tiere, die nur ein einsamer Tropenforscher zu Gesicht bekommt, sondern die auch in einigen zoologischen Gärten oder Reptilienparks, im Zirkus oder Varieté zu bewundern sind. Die größten Exemplare in Menschenhand waren und sind auch meistens öffentlich zugänglich – ob im Bronx-Zoo in New York, dem Tropenhaus des Zoos von Bangkok oder dem Haus der Natur in Salzburg – sie zeigen alle Schlangen über 6 m Länge.

Durchaus findet man solche großen Exemplare auch heute noch in freier Natur. Jedes Jahr werden Berichte in lokalen Zeitungen, meist mit Bild, abgedruckt, in denen die ganz großen Riesenschlangen vorkommen. Auch wenn die Längenangaben dabei oftmals übertrieben werden, sind gewiss Schlangen von beachtlicher Größe dabei.

SELBST WIR, die wir regelmäßig mit Riesenschlangen zu tun haben, verspüren immer wieder diese geheimnisvolle Faszination, wenn wir ein neues Bild oder einen neuen Hinweis auf einen dieser Giganten bekommen. Es ist die Faszination des Außergewöhnlichen, das die Natur hervorgebracht hat, und es ist die Bewunderung für die Größe, Kraft und besondere Leistungen, verbunden mit dem Bewusstsein der Gefährlichkeit dieser Tiere.
Uns 3 Autoren ist gemeinsam, dass wir dem Geheimnis der größten Riesenschlangen auf der Spur sind und mehr über sie in Erfahrung bringen möchten. So umfasst meine Kartei über die längsten und schwersten Tiere inzwischen mehr als 300 Exemplare jenseits der 5-m-Marke. Diese umfangreiche Datensammlung konnte nur durch die Kooperation von vielen Gleichgesinnten, die die Faszination an dieser Tiergruppe mit mir teilen, über einen längeren Zeitraum zusammengetragen werden. Neue Informationen und spannende Bilder sind nach wie vor sehr willkommen. Dabei kann es sich um Rekordtiere, aber auch um außergewöhnliche Beobachtungen zum Verhalten oder Vorkommen der Riesenschlangen handeln.

Die Große Anakonda *(Eunectes murinus)*

von Lutz Dirksen

ÜBER DIE SÜDAMERIKANISCHEN Länder Bolivien, Brasilien, Ekuador, Französisch-Guayana, Guyana, Kolumbien, Paraguay, Peru, Surinam und Venezuela sowie dem Inselstaat Trinidad und Tobago erstreckt sich das geografische Vorkommen der Großen Anakonda. Nördlich reicht die Verbreitung vom Orinoko-System zum Amazonas-Tiefland und südlich bis weit in den Süden Brasiliens zu den Flüssen des Paranà und Paraguays (Abb. S. 14). Als typisch tropisches Faunenelement stellt der kälter werdende Süden dieses Kontinents eine natürliche Ausbreitungsgrenze dar. Im Norden und Osten bilden die Anden ein natürliches Hindernis für das weitere Vordringen.

Neuere Aspekte zur Taxonomie

Die Herpetologen Emmett R. Dunn und Roger Conant entdeckten ein Exemplar der Großen Anakonda, die in der Rückenzeichnung von den ihnen zugänglichen weiteren Großen Anakondas abwich und beschrieben daraufhin 1936 die Art *Eunectes barbouri*. Es stellte sich jedoch vor 10 Jahren heraus, dass dieses Merkmal im gesamten Verbreitungsgebiet der Großen Anakonda auftritt und *E. barbouri* kein Artstatus zuerkannt werden kann. In derselben Arbeit beschrieben Dunn und Conant 1936 auch die Unterart *Eunectes murinus gigas*, da einige Exemplare zwischen den seitlichen Kopfstreifen eine vom Körper abweichenden Farbe haben. Da auch dieses Farbmuster im gesamten Verbreitungsgebiet existiert und es trotz intensiver Untersuchungen keine weiteren Unterschiede gibt, wird *E. murinus gigas* bereits seit 9 Jahren nicht mehr als Unterart anerkannt.
Nicht unerwähnt bleiben darf die Beni-Anakonda *(Eunectes beniensis)* aus Bolivien mit weniger und

OBEN: **Die Karte zeigt das Verbreitungsgebiet der Großen Anakonda *(Eunectes murinus)* in Südamerika.**

größeren schwarzen Flecken an den Körperseiten. Erst im Jahr 2002 wurde sie beschrieben und bisher ist kaum etwas über sie bekannt.
Die Große Anakonda lässt sich von den anderen 3 Anakonda-Arten *(Eunectes notaeus, E. deschauenseei, E. beniensis)* leicht durch das Fehlen eines 5. dorsalen Kopfstreifens unterscheiden. Diese markant größte aller Anakonda-Arten besitzt mit 239–266 Ventralia, 55–78 Subcaudalia und 55–74 Dorsalia eindeutig mehr Schuppenreihen als ihre Gattungsverwandten.

Färbung und Körperbau

Die Große Anakonda variiert in ihrer Färbung zwischen braun und olivgrün. Der Kopf ist oft dunkler als der Körper. Auf dem Rücken verteilen sich ovale bis runde schwarze Flecken, die in ihrer Anzahl und Größe je nach geografischem Vorkommen variieren können. Nicht selten sind helle Zentren in den runden Flecken vorhanden, die meistens in der ersten Rumpfhälfte stärker ausgeprägt sind. Entlang der Körperseiten besitzt die Große Anakonda Augenflecken mit gelbem Zentrum. Die Bauchseite ist cremeweiß oder hellgelb gefärbt und weist unregelmäßige schwarze Flecken auf, die 2 Linien entlang des Körpers ausbilden können. An beiden Kopfseiten hinter dem Auge verlaufen je 2 schwarze Streifen, die den Farbton Weiß, Orange oder Rot einrahmen können. Die Zunge ist schwarz.
Als eine der größten Schlangen der Welt erreichen weibliche Tiere in Ausnahmefällen 9 m Länge. Die längste beschriebene Anakonda, deren Haut nach Autorenangaben ungestreckt ist, wobei Kopf und Schwanzspitze fehlen, ist 8,9 m lang (siehe Kapitel 5). Große Exemplare sind korpulent und schwer; das bisher schwerste Exemplar soll 227 kg gewogen haben.
Der Größenunterschied zwischen männlichen und weiblichen Tieren zählt zu den größten innerhalb der Landwirbeltiere. In freier Wildbahn sind die Weibchen durchschnittlich 2,5-mal länger als die Männchen und dabei um ein Vielfaches schwerer. Anakondamännchen werden selten länger als 3,5 m. Aus privater Haltung ist bekannt, dass Männchen auch über 4 m lang geworden sind, in einem Fall sogar 4,3 m, und ein Männchen erreichte nachweißlich das Alter von 33 Jahren.
Der Kopf ist nur wenig vom Körper abgesetzt. Der Schwanz der Großen Anakonda macht im Schnitt 15 % der Gesamtlänge aus. Rudimentär sind Becken- und Beinknochen vorhanden, Letztere

sind als sogenannte Aftersporne rechts und links neben der Kloake zu erkennen.

Lebensweise

Anakondas verbringen einen großen Teil ihres Lebens im Wasser. Die hoch auf dem Kopf sitzenden Augen und Nasenöffnungen sind eine typische Anpassung daran und auch bei vielen anderen im Wasser lebenden Reptilien zu beobachten. Lugt nur die obere Kopfpartie aus dem Wasser hervor, sind die Anakondas im trüb braunen Wasser und inmitten von Schwimmpflanzenteppichen hervorragend getarnt. Sie können mindestens 45 Minuten unterhalb der Wasseroberfläche bleiben.

Die Große Anakonda ist nachtaktiv, jedoch wurde sie, je nach klimatischen Bedingungen, auch häufig tagsüber außerhalb ihres Verstecks beim Sonnen, Beutefang oder während Paarungsaktivitäten beobachtet. Außerhalb der Paarungszeit sind Anakondas Einzelgänger und gelten dabei als ausgesprochen standorttreu. Kommentkämpfe der Männchen sind in dieser Gattung unbekannt.
Ist es der Schlange bei Gefahr nicht möglich zu fliehen, durch Drohen und Beißen den Gegner abzuschrecken oder Schlingen um den Angreifer zu legen, rollt sie sich zu einer Ballform auf. Dieses Verhalten ist bei großen Exemplaren und in Gefangenschaft eher nicht ausgeprägt.

UNTEN: **Gerne sonnen sich Große Anakondas auf den Uferbänken von Flüssen, hier am Rio Apuré in Venezuela.**

OBEN: **Nur in einem kleinen Teil von Paraguay, im Cerro-Cora-Nationalpark, kommt die Große Anakonda vor. Anakondas bevorzugen hier Stellen mit weniger Strömung.**

Beutespektrum und Jagdmethode

Die Große Anakonda lauert ihrer Beute meistens verborgen im Wasser auf. In der richtigen Distanz wird das Opfer blitzschnell mit weit offenem Maul gepackt, umschlungen und erdrosselt. Letzterer Vorgang kann durch das Herunterziehen unter die Wasserfläche beschleunigt werden. Sicherlich ist es richtig zu sagen, dass zum Beutespektrum dieser Art praktisch jedes verfügbare Wirbeltier mit gerade geeigneter Größe gehört. Daher ist es fast unmöglich, für diesen Generalisten oder auch Opportunisten eine komplette Liste der Nahrungstiere zu erstellen.
Es existieren einige wenige Beobachtungen aus dem Freiland. Im Allgemeinen wurden als Beute Vertreter aller Wirbeltierklassen (Fische, Amphibien, Reptilien, Vögel und Säugetiere) nachgewiesen. Große Exemplare schrecken auch vor Kaimanen und Raubkatzen nicht zurück. So fand man in einer 6 m langen erschossenen Anakonda einen 2 m langen Kaiman. Selbst Schildkröten mit ihrem knöchernen Rücken- und Bauchpanzer wurden schon im Verdauungstrakt von Anakondas entdeckt. Ob allerdings ausgewachsene Tapire, Hirsche oder gar Zuchtstiere tatsächlich von ihnen gefressen werden, ist eher zu bezweifeln. Auch einem Räuber (Prädator) wie der Anakonda sind natürliche Grenzen gesetzt. Sicherlich ist sie aber in der Lage, sehr große Tiere durch Umschlingen zu töten. Dies geschieht in erster Linie dann, wenn ein solches Tier die Fluchtdistanz der Riesenschlange unterschreitet.
Jungen Anakondas selber droht Gefahr durch Piranhas, Raubvögel, Raubkatzen und Kaimane. Aus Guyana wurde berichtet, dass die schlangenfressende Mussurana *(Clelia clelia),* eine zu den Nattern zählende Schlangenart, junge Anakondas sowie Königsboas *(Boa constrictor)* verschlingt. Nicht nur in Gefangenschaft, auch in der Natur hat man schon beobachtet, dass selbst Artgenos-

RECHTS: **Vertreter aller Wirbeltierklassen werden von Anakondas erbeutet. Anakondas schrecken auch vor Kaimanen und Raubkatzen nicht zurück.**

sen Opfer der Fressgier wurden.

RECHTS: **Mit den Aftersporen, die rechts und links von der Kloake sitzen, kratzen die Männchen die Weibchen vor der Kopulation.**

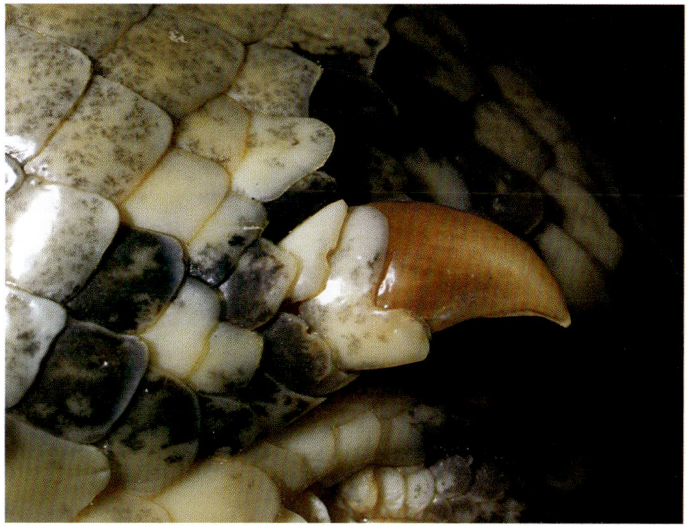

Fortpflanzung

Es liegen nur wenige Berichte von Paarungen und Geburten aus der Natur vor. Daraus geht hervor, dass die Paarungszeit bei einem ausgeprägten jahreszeitlichen Klimawechsel zum Ende der Trockenzeit stattfindet, etwa in den venezolanischen Llanos, wo sich die Tiere im April paaren. Nach 6-8 Monaten werden die Jungtiere lebend geboren (ovovivipar). Die Paarungen finden meistens im niedrigen Wasser statt. In Gefangenschaft wurde beobachtet, dass die Männchen mit ihren Aftersporen vor der Kopulation die Kloakenregion der Weibchen durch Kratzen stimulieren. Bei der Paarung umschlingt dann das Männchen das Weibchen mit 1-2 Schlingen der hinteren Körperpartie. Spektakulär sind bei der Großen Anakonda sogenannte Paarungs-Aggregationen (»Mating-Ball«), bei denen sich viele Männchen um ein größeres Weibchen schlingen und »ringend« um die Gunst des Weibchens werben, um dieses zu begatten. Das Auffinden der Weibchen durch eine große Anzahl Männchen findet über deren Geruchssinn statt. Die Weibchen locken die Männchen durch spezielle Duftstoffe an. Während der Trächtigkeit soll die Anakonda keine Nahrung zu sich nehmen, was zu einem Gewichtsverlust bis zu 20 % führen kann. Diese Schwächung bedingt, dass die Große Anakonda zumindest regional in freier Wildbahn nur in 2-jährigem Abstand Junge zur Welt bringt.
Bei der Geburt messen die Jungtiere zwischen 70 und 90 cm. Die Anzahl der Jungen pro

RECHTS: **In einem Mating-Ball schlingen sich mehrere Männchen um das Weibchen, um es zu begatten. In diesem Fall ist das wesentlich größere Weibchen nicht mehr zu erkennen.**

Wurf hängt von der Größe und dem Alter des Muttertieres ab. Ein Weibchen von ungefähr 6,3 m Länge gebar 72 Jungtiere, in einem Weibchen von 4,5 m Länge fanden sich 45 Jungtiere. 4 Weibchen zwischen 3 und 4 m Länge gebaren nur 18–30 Jungtiere. Die größte Anzahl innerhalb eines Wurfes überhaupt wurde im Instituto Butantan in São Paulo dokumentiert: 82 kleine Anakondas wurden dort mittels eines chirurgischen Eingriffs aus dem Leib des Muttertiers geborgen. Neugeborene wiegen im Durchschnitt 250–400 g. Die erste Häutung findet innerhalb der ersten Tage statt. Die jungen Schlangen müssen sich vom ersten Augenblick an selber zurechtfinden.

Der Dunkle Tigerpython *(Python molurus bivittatus)*

von Henry Bellosa

Das Verbreitungsgebiet des Dunklen Tigerpythons erstreckt sich über große Teile Süd- und Südostasiens. Nachweislich kommt der Tigerpython in den Ländern Bangladesch, der Volksrepublik China (inklusive Hongkong), Indonesien, Kambodscha, Laos, Malaysia, Myanmar, Thailand und Vietnam vor (Abb. S. 19). Eine Verbreitung in West-Malaysia beschränkt sich wahrscheinlich auf den dort trockenen Norden zur Grenze Thailands, in Ost-Malaysia (Insel Borneo) fehlt ein Vorkommen, ebenso im indonesischen Teil Borneos (Kalimantan). Neben einigen anderen Wirbeltieren, nicht nur unter den Reptilien, ist seine geografische Verbreitung in Indonesien eher sonderbar, und passt so gar nicht in das typische Bild einer regionalen flächendeckenden Verbreitung mit beispielsweise einer begrenzten West- und Ostausbreitung. Der Dunkle Tigerpython kommt nicht in Sumatra vor, allerdings auf der Insel Java. Des Weiteren wurde sein Vorkommen erst vor Kurzem von der Insel Bali als Faunenelement beschrieben – dem Autor war nicht bewusst, dass es sich um den ersten publizierten Nachweis von *P. molurus bivittatus* aus Bali handelt. Der Wissenschaft länger bekannt ist seine Verbreitung von den Kleinen Sundainseln Lombok und Sumbawa sowie Sulawesi. Die Unterbrechung begründet sich zum einen sicherlich auf die komplexen tektonischen und geologischen Ereignisse, die diesen weltweit größten Archipel in seiner heutigen Geografie haben entstehen lassen. Dazu kamen zahlreiche

LINKS: **Dieser Dunkle Tigerpython ist ein Exemplar aus der indischen Provinz Arunachal Pradesh und bevorzugt eher trockene Lebensräume.**

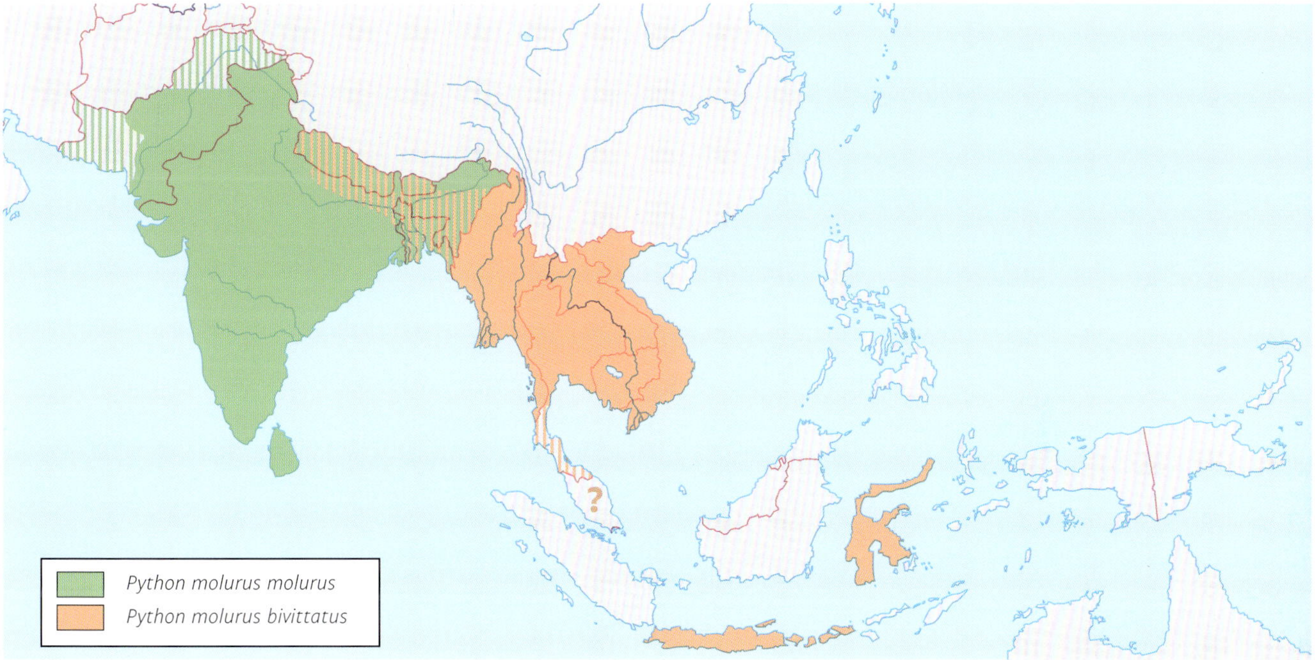

OBEN: **Vom Tigerpython werden 2 Unterarten unterschieden: der Helle Tigerpython und der Dunkle Tigerpyton. Unklare Vorkommen sind schraffiert dargestellt.**

Meeresspiegelschwankungen: Durch ein Absinken wurde eine Ausbreitung ermöglicht, durch einen Anstieg verhindert. Auch spielen die komplexen Oberflächenströmungen in diesen Meeren eine erhebliche Rolle bei der Verbreitung.

Im Gegensatz zum Netzpython besitzt der Tigerpython nicht das Potenzial, isolierte Inseln schwimmend zu besiedeln, wie es der Netzpython mit der erneuten Besiedelung der durch eine Vulkanexplosion völlig zerstörten Insel Krakatau bewies.

Die Ausbreitung des Dunklen Tigerpythons innerhalb des Archipels kann aber auch direkt oder indirekt durch die Verschleppung des Menschen verursacht worden sein, eine Hypothese, die sich mit Hilfe moderner molekulargenetischer Methoden untersuchen und beantworten lässt.

Bis heute ist unklar, wie das merkwürdige Verbreitungsmuster von *Python molurus bivittatus* in Indonesien zustande kam: Handelt es sich bei den abgelegenen insularen Pythons um sogenannte Reliktpopulationen, oder hat der Mensch hier kräftig hineingepfuscht? So gibt es beispielsweise Hinweise darauf, dass einige Individuen des Dunklen Tigerpythons im Westen Javas ausgesetzt wurden.

Unterartstatus

Die beiden Unterarten Heller Tigerpython *(Python molurus molurus)* und Dunkler Tigerpython *(Python molurus bivittatus)* unterscheiden sich eindeutig in ihrer Größe. Der Helle Tigerpython, der auf dem indischen Subkontinent und in den benachbarten Staaten Pakistan, Nepal, Bhutan und Sri Lanka lebt, bleibt in seiner Größe deutlich hinter der dunklen Form zurück. Da nur die Unterart *Python molurus bivittatus*, also der Dunkle Tiger-

OBEN: **Tigerpythons sind wegen ihrer schönen Zeichnung und dem meist ruhigen Temperament bei Schlangenhaltern sehr begehrt. Dieser Helle Tigerpython wurde in Indien aufgenommen.**

python, von seiner Größe zu den »Big Four« zählt, beziehen sich die folgenden Angaben auf ihn. Daten zum Hellen Tigerpython werden gesondert erwähnt.

Die in der Literatur immer wieder auftauchende 3. Unterart, der Ceylon-Tigerpython *(Python molurus pimbura),* unterscheidet sich vom Hellen Tigerpython weder in Körperbau, Farbmuster oder Beschuppung noch durch irgend ein Merkmal im Verhalten oder der Fortpflanzungsbiologie. Er sollte deshalb nach Auffassung vieler Experten, die wir auch teilen, als solche nicht weiter aufrechterhalten werden und findet hier deswegen keine weitere Beachtung.

Färbung und Körperbau

Der Dunkle Tigerpython weist eine lebhafte Zeichnung in Gelb-, Braun- und Grautönen auf, die auf einem reinweißen bis elfenbeinfarbenen Untergrund über dem gesamten Rumpf verteilt ist. Auf dem Rücken herrschen Flecken vor, die einzeln oder verbunden bis zur Kloakenregion verlaufen. Die seitlichen Zeichnungsmuster sind sichel-, halbmond- oder hufeisenförmig, schließen aber niemals Ozellen mit ein.

Der Kopf ist deutlich vom Hals abgesetzt und auf der Oberseite mit einem dunkelbraunen Pfeilmuster in Richtung Nasenöffnungen versehen. An der Seite dominieren Grautöne mit Weiß, von den Augen zieht ein schwarzes Bandmuster nach hin-

ten bzw. unten, an dem sich jeder Tigerpython individuell leicht erkennen lässt. Die Schwanzzeichnung besteht oft aus längeren Farbflächen und seitlich geschlossener Fleckung.
Der Dunkle Tigerpython ist eine äußerst kräftige Riesenschlange mit enormen Muskelsträngen. In Ausnahmefällen kann er die 6-m-Marke überschreiten. Vom Körperumfang her kann er durchaus mit der Großen Anakonda mithalten, in Gefangenschaft gut genährte Weibchen erreichen die 100-kg-Grenze bei 5,6–6 m Länge. Die Männchen bleiben auch bei dieser Art deutlich kleiner und schlanker als die Weibchen, allerdings ist der Unterschied der Geschlechter längst nicht so ausgeprägt wie bei der Großen Anakonda. Ich habe selbst schon des Öfteren Männchen von 5 m Länge gesehen, und eines soll sogar stattliche 5,5 m erreicht haben. Der Dunkle Tigerpython kann über 30 Jahre alt werden. Der Altersrekord für diese Art soll sogar bei 39 Jahren liegen.

Lebensweise und Beute

Der Dunkle Tigerpython ist eine Bodenschlange, die nur in ihrer Jugendphase gelegentlich auf Bäume klettert. Ihr kurzer Schwanz leistet hervorragende Haltearbeit, ist aber zum Klettern weniger geeignet. Im offenen Galeriewald, dichten Regenwald, gelegentlich aber auch in offeneren Landschaftsformen mit Buschwerk und Felsformationen kommt diese Unterart vor. Nie darf ein Gewässer fehlen, obwohl der Anspruch an die direkte Feuchtigkeit der Umgebung wesentlich niedriger ist als beim Netzpython.
Aus einem sicheren Versteck heraus lauert der Dunkle Tigerpython seiner Beute auf. Blitzschnell packt er dann zu, umschlingt das Opfer mit 2–3 Körperschlingen und lässt erst wieder los, wenn kein Lebenszeichen mehr zu spüren ist. Seine Ausdauer beim Zudrücken ist sprichwörtlich und kann weit über 1 Stunde in Anspruch nehmen. Dabei ist er bei der Wahl der Beute nicht wählerisch: Alle warmblütigen Tiere der noch zu bewältigenden Größe werden genommen. Nachweislich wurden schon Schafe, Ziegen, kleinere Schweine, Wasserrehe und sogar ein Leopard verschlungen. Häufig erbeutet er Wasservögel oder räubert in Vogelkolonien Küken, die von den Bäumen gefallen sind.
Unlängst berichteten US-amerikanische Medien von einer Population Tigerpythons, die sich in den Everglades (Florida) aus ehemaligen Terrarieninsassen etabliert hat. Seit September 2003 sind bereits über 50 Pythons eingefangen worden. Die Umstellung der Riesenschlangen auf die dort heimischen Beutetiere belegt ein Bericht der Universität Florida: Dabei macht der Tigerpython auch vor größeren Alligatoren nicht halt, wie folgendes Drama bestätigt: Es wurde ein verendeter 4 m langer Tigerpython mit tiefen Wunden gefunden, der einen 2m-Alligator verschlungen hatte. Offensichtlich hatte der Python die Wehrhaftigkeit eines solchen Alligators unterschätzt, denn

UNTEN: **Der Tigerpython jagt, indem er sich auf die Lauer legt. Bei der Auswahl seiner Beute ist er nicht gerade wählerisch.**

OBEN: *Python molurus* **auf Eiern brütend: Die Weibchen der Tigerpythons schützen nicht nur ihr Gelege, sondern sind durch Muskelzittern in der Lage, Wärme für das Gelege zu erzeugen.**

die Wunden waren so tief, dass der angedaute Alligator an der Seite des Pythons wieder zum Vorschein kam. Immerhin bestätigt dieser Bericht die allgemeine Aussage, dass die großen Riesenschlangenarten Beutegeneralisten sind.
In seiner ursprünglichen Heimat findet man den Tigerpython durchaus in menschlicher Nähe, wo er sich auch des Öfteren an Haustieren vergreift. In Indien und Südostasien werden Tigerpythons vor allem wegen ihrer scheinbaren Vorliebe für Nager nicht nur geduldet, sondern durchaus gerne gesehen. Manch großer Python avanciert sogar zur Berühmtheit. Ein zunächst 70 cm langer Tigerpython wuchs in Indien mit einem Jungen auf. Nach 5 Jahren brachte es der Python bereits auf 5 m Länge und knapp 100 kg. Weil der Junge nach wie vor in den Schlingen der Schlange schläft, wird er für einen Günstling der Götter gehalten und sogar von Pilgern besucht.

Im direkten Vergleich mit der Großen Anakonda, dem Netz- und dem Felsenpython ist beim Tigerpython insgesamt die Tendenz zu eher kleineren Beutetieren festzustellen: Nagetiere, Hühner- und Entenvögel.
Ebenso wie bei den anderen »Big Four« hat er vor allem als Jungtier viele Feinde, etwa Raubkatzen, Bären, Königskobras, Eulen und Greifvögel. Kannibalismus unter Geschwistern wurde gelegentlich bei Terrariennachzuchten festgestellt, ist jedoch bei halberwachsenen oder erwachsenen Tieren nicht bekannt.

Fortpflanzung

Die Fortpflanzungsperiode des Dunklen Tigerpythons beginnt im November mit dem Auffinden der Geschlechtspartner über Sexuallockstoffe, die von den Weibchen als braune Flüssigkeit aus der Kloakenregion abgesondert werden. Geraten dabei 2 oder mehrere Männchen in dieselbe Spur und treffen sich, so erfolgen heftige Kommentkämpfe, die zu ernsthaften Verletzungen der Gegner führen können. Bei der Paarung, die meist zwischen Ende November und Ende Februar stattfindet, kommt es vor der Kopulation zu ausgiebigen Kratz- und Kriechphasen. Das Männchen umwirbt dabei sehr aktiv das Weibchen und stimuliert es mit zunehmendem Eifer, die Aftersporne werden dabei eingesetzt und deutliche Kratzspuren zeugen vom Werbungsverhalten.
Die eigentliche Trächtigkeit dauert 3-5 Monate und endet mit der Eiablage, die zwischen März und Juni stattfindet. In dieser Zeit fastet das Weibchen, während das Männchen dieses vorher in der Paarungsphase tut. Die reinweißen Eier haben die Größe von Gänseeiern. Das Weibchen brütet aktiv und erzeugt durch Muskelzittern Temperaturerhöhungen von bis zu 7 °C. Nach 50 Tagen werden die Eier faltig, und nach weiteren 10 Tagen erfolgt der Schlupf der Babyschlan-

gen. Sie sind dann 50–65 cm lang und wiegen 80–150 g. In Gefangenschaft fressen sie sofort Mäuse oder Vogelküken.
Die Anzahl des Nachwuchses hängt von der Größe der Mutter ab: Ein 4 m langes Weibchen legt 30–50 Eier, größere Weibchen produzieren die doppelte Menge; in einem Fall wurden sogar 107 Eier gezählt. Die Fruchtbarkeit großer Dunkler Tigerpythonweibchen ist erstaunlich und mit den anderen großen Pythonarten gut vergleichbar: Bei einem Züchter legte ein 5 m langes Weibchen innerhalb von 3 Jahren insgesamt 231 Eier. Die Schlüpflinge häuten sich zum ersten Mal nach 10–25 Tagen.

Der Netzpython *(Python reticulatus)*

von Mark Auliya

Der Netzpython besitzt ein sehr großes Verbreitungsgebiet. Es erstreckt sich westlich von Nordostindien bis in den indonesischen Archipel im Osten (Abb. S. 24). Insgesamt umfasst die West-Ost-Ausdehnung der gesamten Verbreitung etwa 4300 km. Das weite Vorkommen in der indomalayischen Inselwelt erklärt sich auch durch das hervorragende Ausbreitungspotenzial des Netzpythons: Mit Hilfe von starken marinen Oberflächenströmungen kann er theoretisch weit abgelegene ozeanische Inseln schwimmend oder auf Treibgut erreichen. Seine Fähigkeit, auch im offenen Ozean zu schwimmen, konnte ich vor einigen Jahren im östlichen Indonesien selbst beobachten: Ein 3 m langer Netzpython tauchte über Korallenstöcke und schwamm bei bewegtem Wellengang mit weit aus dem Wasser herausragenden Kopf und Hals, als sei ihm dieses Element sehr vertraut.
Der Netzpython zählt neben dem Bindenwaran *(Varanus salvator)* zu den ersten großen Wirbeltieren, die die indonesische Insel Krakatau erneut besiedelten, nachdem diese im Jahr 1883 durch eine heftige Vulkanexplosion völlig zerstört worden war. So kommt es aber auch, dass selbst heute nicht alle Verbreitungslokalitäten des Netzpythons bekannt sind. Dies gilt vor allem für Indonesien, den weltweit größten Archipel. Allerdings scheinen auch dort wieder Meeresströmungen die Ursache zu sein, warum einige Inselwelten innerhalb des gesamten Verbreitungsgebietes vom Netzpython unbewohnt blieben (z. B. die zu Indien gehörenden Andamanen). Starke Oberflächenströmungen stellen eine Ausbreitungsschranke dar und verhindern somit die Neubesiedlung von schwimmenden oder auch auf »Naturflößen« treibenden Wirbeltieren.
Das westlichste Vorkommen des Netzpythons liegt bei Raipur (Madhya Pradesh, Indien) in Nähe des 82. Längengrads. Die nördlichste Verbreitung des Netzpythons befindet sich ebenfalls in Indien, im östlichen Assam, zwischen dem 26. und 27. Breitengrad. Nach Osten hin, auf dem süd- und südostasiatischen Festland, trifft man *Python reticulatus* in Bangladesch, Myanmar, Thailand, Laos, Kambodscha, Vietnam, West- und Ost-Malaysia (Borneo) und Singapur an. Auch auf zahlreichen dem kontinentalen Südostasien vorgelagerten

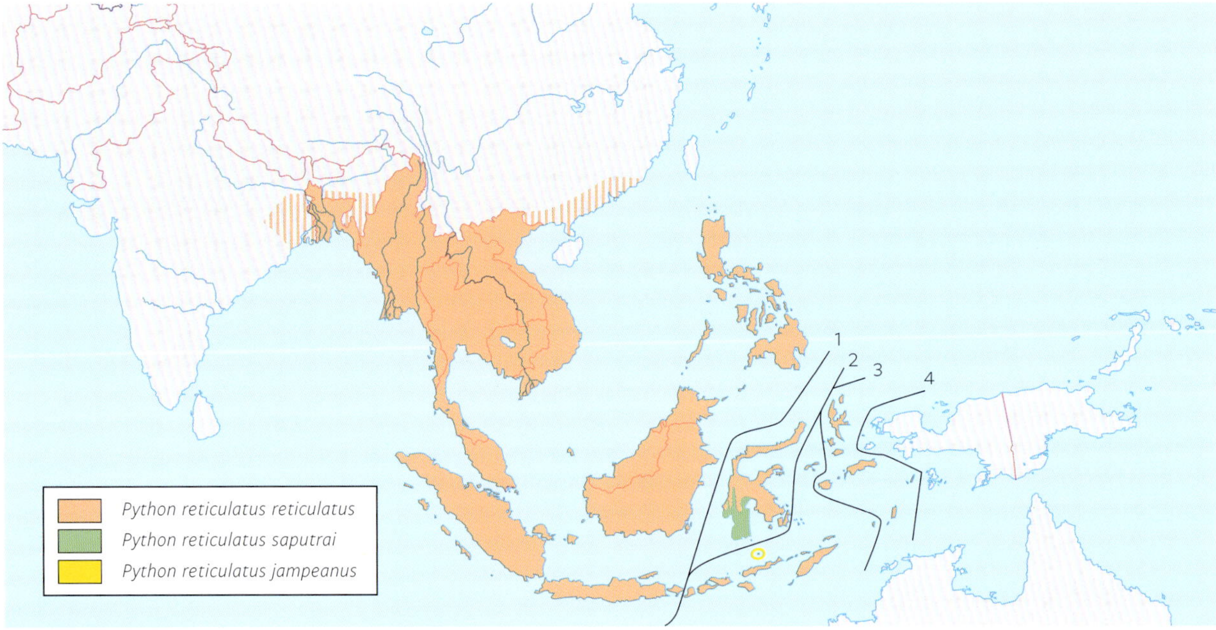

OBEN: **Verbreitung des Netzpythons inklusive der Unterarten *(Python reticulatus reticulatus, Python reticulatus saputrai, Python reticulatus jampeanus)*. Unklare Vorkommen sind schraffiert dargestellt. Die blauen Linien beschreiben imaginäre zoogeografische Grenzlinien. 1: Wallace-Linie, 2: neu definierte Wallace-Linie, 3: Webers Linie, 4: Lydekker-Linie. Die Wallacea beschreibt den geografischen Raum zwischen der Wallace-Linie und der Lydekker-Linie, sollte aber streng genommen die Philippinen mit einschließen.**

Inseln ist der Netzpython beheimatet. Bei historischen Nachweisen von *Python reticulatus* aus der Region Xiamen (China) handelt es sich aller Wahrscheinlichkeit nach indes um vom Menschen eingeschleppte Einzeltiere.

Das heutige Verbreitungsmuster des Netzpython im indonesischen Archipel ergab sich vor ca. 1 Mio. Jahren – ebenso wie das der übrigen Organismen. Von dem aus vielen Tausenden von Inseln bestehenden Indonesien sind zahlreiche Landmassen durch Meerespassagen mit starken Oberflächenströmungen isoliert. Dies hatte zur Folge, dass sich vielerorts eigenständige Inselfaunen entwickeln konnten. In der Wallacea-Region begegnen sich orientalische und australische Faunenelemente, die teilweise an Monsunklimate mit ausgedehnten Trockenzeiten angepasst sind. So kommt es auch, dass sich gerade hier 2 Populationen des Netzpythons entwickeln konnten, die sich markant von der Sundalandform unterscheiden. Interessant ist die beim Netzpython östlichste Ausdehnung im Archipel, die ziemlich genau mit der Lydekker-Linie zusammenzufallen scheint. Diese imaginäre zoogeographische Linie beschreibt die östlichste Verbreitungsgrenze orientalischer Faunenelemente.

Aktueller taxonomischer Status

Innerhalb des internationalen und kommerziellen Handels mit Reptilien sind verschieden große und anders gemusterte Inselpopulationen des Netzpythons seit Langem bekannt. Hohe jährliche Exportzahlen von Häuten des Netzpythons aus Indonesien waren der Anlass, eine Langzeit-Feldstudie durchzuführen, die den regionalen und

kommerziellen Hauthandel vom *Python reticulatus* auf einen »nachhaltigen Handel« hin untersuchen sollte (vgl. Kapitel 10). Diese Feldstudie führte ich in den Jahren 1996/1997 vorrangig im indonesischen Teil der Insel Borneo durch. Einhergehend mit Expeditionen in Gebiete ihrer Vorkommen konnte ich die Art auch erstmalig auf mögliche Unterarten oder sogar neue, verborgene Arten hin untersuchen, denn vor allem über das Händlernetz (Haut- und Lebendhandel) tauchten immer wieder Individuen auf, die deutlich von den Festlandspopulationen abwichen. Zusammen mit Kollegen konnte ich dann mit molekulargenetischen Untersuchungsmethoden verschiedene Gensequenzen in den untersuchten Populationen feststellen; morphologisch variierten sie in der Beschuppung sowie dem verschiedenartigen Farbmuster. Nachfolgend wurden dann aus der Wallacea-Region die Unterarten *Python reticulatus saputrai* und *P. reticulatus jampeanus* beschrieben. Im Wesentlichen unterscheiden sich diese 2 Inselpopulationen von der weit verbreiteten Festlandsform *Python reticulatus reticulatus* in 3 Schuppenwerten: Der zwergwüchsige *Python reticulatus jampeanus* hat mit ca. 64–68 die wenigsten Rückenschuppen um die Körpermitte, gefolgt von der Festlandsform mit ca. 68–78 und *Python reticulatus saputrai* mit ca. 77–81 Schuppen. In gleicher Reihenfolge zählen die Bauchschuppen 290–301, 304–325 und 330–334. Vor allem sind die oberen Kopfschilder des Zwergpythons im Vergleich zu *Python reticulatus reticulatus* und *Python reticulatus saputrai* markant reduziert, was sich in der Vergrößerung der einzelnen Kopfschilder verdeutlicht.
Da nicht auszuschließen ist, dass in naher Zukunft weitere neue Taxa, aus Arten und Unterarten, hinzukommen werden, erscheint es angebracht, den Netzpython taxonomisch als eine »Artengruppe« zu benennen. Schließlich handelt es sich um mehrere geografisch getrennte, sich gegenseitig ausschließende und genetisch isolierte Populationen.

OBEN: **Der Süßwasser-Sumpfwald ist der bevorzugte Lebensraum des Netzpythons auf der Insel Java, Indonesien.**

Farbmuster …

Von dem artcharakteristischen Farbmuster wurden um die Wende zum 20. Jahrhundert die deutschen Namen Gitter- oder Netzschlange abgeleitet. Heute wird der *Python reticulatus* im Deutschen allgemein Netzpython genannt.
Ein schwarzes rauten- bzw. netzförmiges Muster verläuft über die gesamte Körperoberseite, das individuell verschieden ausgeprägt ist. Diese For-

OBEN: **Netzpythons sind nachtaktiv und verstecken sich tagsüber in belaubtem Geäst. Hier begegnet der Fotograf einem halberwachsenen Netzpython auf der Insel Tioman, West-Malaysia.**

men können zum Teil voneinander getrennt sein oder sich vereinen. Zum Kopf hin verschmälert sich dieses Muster deutlich und verjüngt sich in einen schwarzen Strich, der mittig über die Kopfoberseite bis zur Schnauzenregion hinabreicht. Oft befindet sich links und rechts von diesem Strich jeweils ein schwarzer Pigmentfleck. Auf beiden Kopfseiten verläuft ebenfalls ein diagonaler schwarzer Strich, der hinter den Augen schräg bis hin zu den Maulwinkeln hinabreicht. Auf den Körperseiten sind meist deutlich weiße, teils längliche Flecken zu erkennen, die ober- und unterhalb schwarz gesäumt sind. Dieses Muster wechselt sich mit helleren oft hellgrauen und großen Flecken auf den Körperseiten ab. Grundfarbe ist ein ockergelber und bräunlicher Farbton. Gewöhnlich ist die Iris orangefarben und die Zungenfarbe dunkelgrau. Bei den oben vorgestellten Inselpopulationen zeigt der *Python reticulatus jampeanus* ein sich auflösendes Netzmuster anstatt gelber überwiegen silbergraue Farbtöne. Die Irisfarbe ist goldorange bis silbergrau und die Zunge rosafarben. Der *Python reticulatus saputrai* hingegen zeigt ein breiteres Netzmuster, das sich deutlich schärfer zu der gelbgoldfarbenen Grundfarbe abgrenzt, die Irisfarbe ist golden und die Zunge rosa- bis lilafarben. Weitere Studien könnten hier einen Farbwechsel der Irisfarbe innerhalb der Individualentwicklung belegen.

... und Körpermerkmale

Der Netzpython ist eines der längsten, womöglich sogar das längste heute existierende Reptil auf unserem Planeten. Ein 1912 auf der Insel Sulawesi vermessenes Exemplar soll eine Gesamtlänge von ziemlich genau 10 m (siehe Kapitel 5) erreicht haben.

Vom langen muskulösen Körper setzt sich der Kopf nur unwesentlich von der Halsregion ab. Mit dem Alter verändert sich die Kopfgröße relativ zum Körper und setzt sich dann mehr von ihm ab. Das letzte Körperdrittel verjüngt sich sehr gleichmäßig in den relativ langen Schwanz, dessen Spitze im Alter stumpf sein kann.

Auf den ersten Blick lassen sich die Geschlechter nicht voneinander unterscheiden. Neben der Vermessung der Aftersporne und der Sondierung der Genitaltaschen kann man die Geschlechter auch durch bestimmte Größenverhältnisse zuweisen. Die Schwanzlänge beträgt in etwa ⅙ bis zu ⅐ der Kopf-Rumpf-Länge. So ist das Verhältnis der Schwanzlänge zur Kopf-Rumpf-Länge bei männlichen Tieren kleiner, d. h. die Schwanzlänge ist im direkten Vergleich zu den Weibchen etwas länger. In den Populationen des Sundalands trifft man am häufigsten auf die Netzpythons zwischen 2–3 m, die dann ungefähr 2 Jahre alt sind. Im Freiland untersuchte Netzpythons zeigen ab 2 m eine deutliche Gewichtzunahme. Das Gewicht stellt ebenfalls ein sekundäres Geschlechtsmerkmal dar, bei gleicher Gesamtlänge sind Männchen schwerer als Weibchen. Als Konsequenz von individuell unterschiedlichen Ernährungsbedingungen, aber auch von den jährlichen Fortpflanzungsaktivitäten, variiert das Gewicht von im Freiland untersuchten Tieren markant, auch bei in etwa gleich langen Tieren. So wog ein 3 m langer Python 4 kg und ein anderer von derselben Länge fast 7 kg, ebenso brachte ein 4,3 m langer Netzpython nach dem Verschlingen eines Huhnes knapp 11 kg und ein 5,56 m langer Netzpython ohne Mageninhalt 51 kg auf die Waage.

Lebensweise

Aufgrund ihrer ausgedehnten geografischen Verbreitung müssen Netzpythons auch besondere Anpassungsmechanismen an ihre Umwelt aufweisen. Ohne Frage spielt dabei ihr hervorragendes Farbmuster eine Rolle, das sich tagsüber im Wechselspiel von Sonne und Schatten hervorragend auflöst. Zusätzlich ist die Lebensweise eine besonders verborgene: Aufgehängt in engen Körperwindungen verbringen Jungtiere und zum Teil auch halberwachsene Netzpythons meist in Gewässernähe den Tag im

UNTEN: **Dieser Netzpython wurde zwischen den indonesischen Inseln Sumbawa und Mojo entdeckt. Der Netzpython ist ein hervorragender Schwimmer und konnte im Gegensatz zum Tigerpython weitaus mehr Inseln im Pazifik besiedeln.**

OBEN: **Züngelnd beobachtet dieser ca. 3 m lange Netzpython bei Bukit Frazer in West-Malaysia die Umgebung.**

dicht belaubten Geäst. Größere Individuen ziehen sich in Erdlöcher, Hohlräume in Bäumen oder in Höhlen zurück. Im Wasser tauchen sie bei Gefahr unter, wo sie, fast unsichtbar, lange Zeit verbringen können. Demnach unterscheidet sich die Nutzung des Lebensraumes junger und erwachsener Individuen deutlich.
Ein hohes, sehr lokal auftretendes Beutevorkommen, einhergehend mit dem Vorhandensein geeigneter Versteckplätze kann zu einem eher geringen Aktivitätsradius von Netzpythons bis ca. 3 m Gesamtlänge führen (s. u.). Größere Tiere auf der Suche nach größerer Beute können weitere Distanzen zurücklegen. In den Regenzeiten werden vermehrt ansteigende Gewässertypen für die Fortbewegung genutzt – so können eben auch enorme Distanzen überbrückt werden. Dabei gelangen dann eher unfreiwillig auch große Pythons mit den Monsunfluten in den Einzugsbereich südostasiatischer Metropolen wie Bangkok und Jakarta. Alljährlich berichtet darüber die lokale Presse der Region.

Nicht ganz geklärt bleibt die Frage, ob der Netzpython grundsätzlich bestimmte Ruheplätze sowie regelmäßig die gleichen Jagdgebiete aufsucht. Einzelbeobachtungen und Erfahrungen von Schlangenfängern zufolge besitzen große Pythons angestammte Versteck- bzw. Ruheplätze. Auch werden bestimmte Biotope für die »Jagd« anderen vorgezogen. So scheinen gerade langsam fließende Gewässerläufe in Kulturlandschaften eine magnetische Wirkung auf den Netzpython zu haben. Fast geräuschlos können die nachaktiven Netzpythons hier Beute machen. In Verbreitungsregionen, die von einer im Jahresverlauf markanten Trockenzeit geprägt sind, finden Netzpythons in Höhlensystemen Zuflucht und Beute; dort umgibt sie auch ein geeignetes Mikroklima, welches den immerfeuchten Regenwaldhabitaten sehr nahekommt.

Beutefang und Nahrungspräferenzen

Für einen erfolgreichen Nahrungserwerb ist der Netzpython mit besonderen Sinnesorganen ausgestattet. Er verfügt über wärmesensible Grubenorgane oder Wärmerezeptoren, deren Oberfläche als kleine Vertiefungen der oberen und unteren Lippenschilder sichtbar sind. Jede dieser Gruben »scannt« einen bestimmen Ausschnitt des Gesichtsfeldes, um selbst in tiefster Dunkelheit warmblütige Beute (Vögel und Säugetiere) erfolgreich aufspüren zu können.
Der Geruchssinn und das »Infrarotsehen« werden beide während des nächtlichen Beuteerwerbs in unterschiedlichen Verhältnissen und Distanzen zur Beute eingesetzt. Dieses Orten der Beute hängt von der jeweiligen Art, deren Fundumständen, den abiotischen Faktoren sowie der Habitatbeschaffenheit ab. Im Wasser sich fortbewegende Netzpythons werden in dunkler Nacht ihre Beute zunächst aus der Distanz mit dem Geruchssinn anpeilen, für die Feinjustierung wird dann auf das

»Infrarotsehen« umgeschaltet, um schließlich treffsicher zuzuschnappen.
Allgemein ist der Netzpython ein Generalist, was sein Beuteschema angeht. Nahrungspräferenzen zeigt er dann, wenn es ein gehäuftes Vorkommen von z. B. Nagern gibt. *Python reticulatus* ist einer der Hauptbeutegreifer von Ratten. Dieser für die in den Verbreitungsländern ansässige Landwirtschaft so bedeutungsvolle ökologische Nutzen wird erst allmählich erkannt. Unbestritten ist, wie mittlerweile auch durch neuere Feldstudien belegt wurde, dass Netzpythons bis zu einer Länge von knapp 3 m sich fast ausschließlich von Ratten ernähren können. Es handelt sich dabei überwiegend um Nagerarten, die als Kulturfolger in vom Menschen veränderten Landschaften leben. Bei den in Höhlen »wohnenden« Netzpythons ersetzen verschiedene Fledermaus-, aber auch Flughundarten die in den feuchten Regionen häufig auftretenden Ratten als Hauptbeute. Sind Ruheplätze im optimalen Fall auch »Futterplätze«, so werden auch über 3 m lange Exemplare diese bequeme Nahrungsquelle nutzen.
In der Regel schalten größere Individuen ab ca. 3,5 m auf größere Beutetiere um – in diesem Fall gibt es keine Nahrungspräferenzen, das Beuteschema ist dann sehr variabel. Pythons, die einen geeigneten Unterschlupf in der Nähe von Siedlungen haben, werden nun z. B. zu Hühner- und Entenfressern, aber auch Hunde, Ziegen und Kälber nicht verschmähen. Ein größerer *Python reticulatus*, der seinen Aktivitätsraum außerhalb von stark menschlich beeinflussten Gegenden hat, ernährt sich beispielsweise von Affen, Wildschweinen und Hirscharten. Zu den spektakulärsten nachgewiesenen Mageninhalten des Netzpythons gehörten Malaienbär und Mensch (siehe Kapitel 7); damit ist der Netzpython der Einzige der »Big Four«, der in der Historie und auch in der Gegenwart immer wieder von sich als »Menschfresser« reden macht.

Fortpflanzung

Wie oben schon angemerkt, läßt sich das Geschlecht des Netzpythons nicht an äußerlichen Merkmalen festmachen. Von 54 untersuchten Netzpythons in einer Abdeckerei auf der Insel Borneo war das Verhältnis 44:10 zugunsten der Männchen, ein weiterer Hinweis für den größeren Aktivitätsraum der fortpflanzungsaktiven Männchen auf der Suche nach Weibchen. Männliche Tiere können ihre Geschlechtsreife schon unter einer Gesamtlänge von 1,5 m erreichen, während Weibchen erst ab ca. 2,5 m fortpflanzungsfähig sind. Welche Funktion die bei den Männchen relativ geringfügig größeren Köpfe als die der Weibchen haben, bleibt noch ungeklärt, auch ob dies mit wahrscheinlich auftretenden Kommentkämpfen zusammenhängt, in denen größere Köpfe sicherlich einen Vorteil darstellen.

UNTEN: **Ein Gelege des Netzpythons kann bis zu 100 Eier zählen. Mit Eizähnen öffnen die Schlüpflinge die Eihülle.**

In tropischen Regionen Indonesiens wird die Paarungszeit oft durch das Einsetzen der Regenzeit ausgelöst. Nach ca. 3 Monaten sucht das Weibchen einen geeigneten Unterschlupf für die Eiablage aus, wo es in Abhängigkeit von seiner Gesamtgröße in etwa zwischen 12 und 100 Eiern ablegt. In dieser Zeit wird das Gelege vom Muttertier rund um die Uhr bewacht. Am Ende der Regenzeit, nach ca. 2–3 Monaten, findet der Schlupf der Jungpythons statt.

Der Nördliche Felsenpython *(Python sebae)*

von Henry Bellosa

Von der Westküste Afrikas über das zentrale Kongobecken bis fast zum Horn von Afrika an der Ostküste reicht das enorme Verbreitungsgebiet des Nördlichen Felsenpythons (Abb. unten). Hier ist er in folgenden Ländern nachgewiesen: Äquatorialguinea, Äthiopien, Angola, Benin, Burkina Faso, Burundi, Demokratische Republik Kongo, Elfenbeinküste, Gabun, Gambia, Ghana, Guinea, Guinea-Bissau, Kamerun, Kenia, Kongo, Liberia, Mali, Mauretanien, Niger, Nigeria, Ruanda, Senegal, Sierra Leone, Somalia, Sudan, Tansania, Togo, Tschad, Uganda und Zentralafrikanische Republik. Klimatisch gesehen ist *Python sebae* ein Faunenelement der Subtropen und Tropen, obwohl er auch in Hochebenen mit kalten Wintern vorkommt.

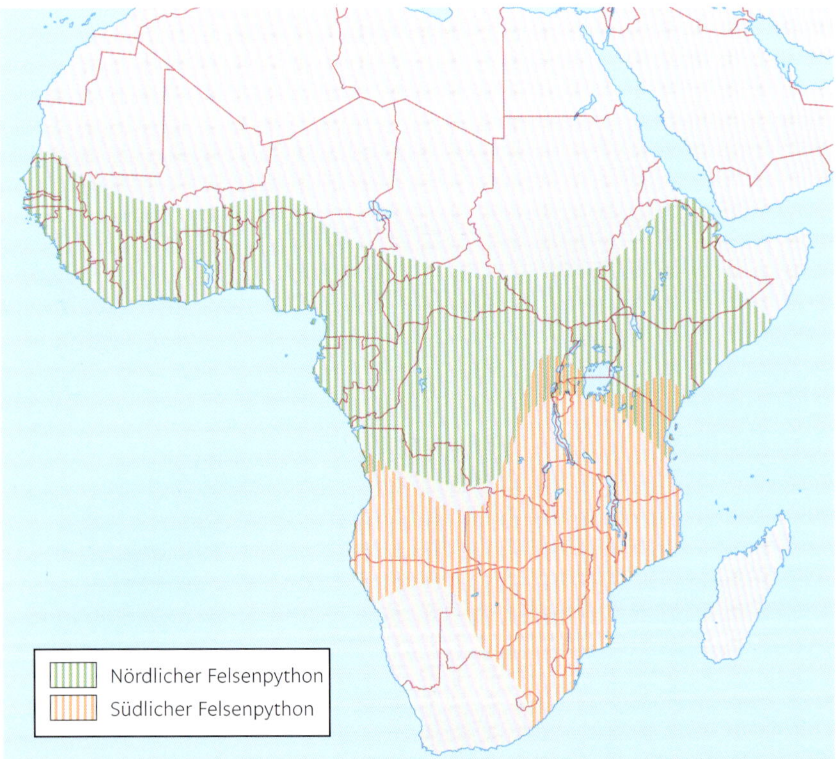

LINKS: Der Nördliche Felsenpython *(Python sebae)* ist die größte Schlange Afrikas. Der Südliche Felsenpython *(Python natalensis)* erreicht offensichtlich nicht diese Größe.

OBEN: Auch in Afrika lebt eine sehr große Riesenschlange – der Nördliche Felsenpython.

Neuere Taxonomie

Bereits 1840 beschrieb Andrew Smith den Südlichen Felsenpython *(Python natalensis)*, der indes lange als eine Unterart des *Python sebae* betrachtet wurde. 1984 bestätigte der Spezialist für afrikanische Reptilien Donald G. Broadley jedoch die Gültigkeit des Artstatus des Südlichen Felsenpythons. Seither liegen ausreichende Dokumentationen zum jeweiligen Artstatus vor, und die gegenseitigen Abgrenzungen bezüglich der Beschuppung, der Fortpflanzungsbiologie und der genetischen Aspekte sind für alle Experten nachvollziehbar. Die Verbreitungsgebiete beider Arten überschneiden sich im Süden Kenias, in Tansania, in Ruanda und Burundi.
Über die Größe von *Python natalensis* ist bekannt, dass die bisher längsten Exemplare knapp 5 m maßen. Man kann also von einer Maximallänge von 5,5 m ausgehen, vielleicht erreicht der Südliche Felsenpython bei sehr großzügiger Einschätzung auch knapp 6 m Länge, womit er aber kleiner bleibt als sein nördlicher Verwandter.

Färbung und Körperbau

Der Nördliche Felsenpython ist eine kräftige, aber schlanke Riesenschlange ähnlich dem Netzpython. Dies ändert sich im Alter insofern, als der komplette Körperbau dann massiger und breiter wird. Ein 3 m langer Felsenpython wog z. B. 16,5 kg, ein 5 m langes Exemplar brachte 60 kg auf die Waage. Diese Angaben beziehen sich auf Wildexemplare, Terrarientiere sind meist deutlich schwerer.

Die Färbung ähnelt in vielen Aspekten der des Dunklen Tigerpythons. Im Unterschied zu diesem treten auf dem Rücken aber keine Flecken, sondern ein Netzmuster aus verschlungenen dunkelbraunen oder graubraunen Bändern auf, die sich bis zu den Rückenseitenflecken erstrecken. Die Grundfarbe ist insgesamt weniger gelblich, sondern reicht von elfenbeinfarben über hellgrau bis zu sandfarben. Die Seitenflecken können sichelförmig, rautenförmig sein oder sogar senkrechte Bänder zeigen, Ozellen treten nicht auf. Der Kopf ist vom Hals abgesetzt und trägt einen dunklen Pfeil auf der Oberseite. Die schwarzen Bänder ziehen vom Auge nach hinten und unten, aber auch vor dem Auge findet man dunkle Schuppen. Dies ist ein deutliches Unterscheidungsmerkmal zum Tigerpython. Augen und Zunge sind bei beiden Arten nahezu schwarz, die Zunge allenfalls dunkelviolett. Das Höchstalter wird mit 26 Jahren und 6 Monaten angegeben; daraus kann man schließen, dass die großen *Python*-Arten in etwa dieselbe Lebenserwartung von 30 Jahren haben.

UNTEN: **Dieser junge Felsenpython wird in einem Reptilienzoo aufgezogen. Felsenpythons werden wegen ihres aggressiven Temperaments relativ selten gehalten.**

Lebensweise

Der Nördliche Felsenpython ist eine ungemein anpassungsfähige Riesenschlange. Alleine die klimatischen, geografischen und ökologischen Besonderheiten über eine Ost-West-Ausdehnung der Verbreitung von 6600 km Luftlinie bürgen dafür. Er ist im Wesentlichen nachtaktiv, kann aber auch bei Tage unter geschütztem Buschwerk bei der Jagd beobachtet werden. In ganz offenem Savannengelände lebt er zurückgezogen in Erdhöhlen und kommt erst nach Sonnenuntergang hervor. In höher gelegenen Regionen, etwa den Hochplateaus von Angola, hält er eine Kältestarre-Phase z. B. in den Bauten der Erdferkel ab. Andererseits findet man ganzjährig aktive Tiere in oder nahe bei den Gewässern des zentralen Kongobeckens, die sich an dieses feuchte Klima hervorragend angepasst haben und sogar enorme Wasserflächen überqueren. Selbst größere Exemplare können auf Bäumen angetroffen werden, obwohl der Schwanz ebenso wenig zum Klettern geeignet ist wie beim Tigerpython.
Auch der Felsenpython findet sich immer wieder in der Nähe menschlicher Siedlungen und in den verbuschten Begrenzungen von Agrarflächen. Durch Vieh angelockt, das er erbeutet, erregt er dann Aufsehen, was oft zu heftigen Diskussionen zwischen Artenschützern und den einheimischen Viehhütern führt.

Beutespektrum

Unter allen Riesenschlangen ist der Nördliche Felsenpython diejenige Art, die das größte Schlingvermögen überhaupt hat – zumindest wird dieser Eindruck durch den aktuellen Informationsstand vermittelt. Die Beutewahl ist selbst bei halberwachsenen Tieren erstaunlich vielfältig. Als Beute dokumentiert, entweder während des Schlingakts oder nachdem man tote Felsenpythons aufge-

OBEN: Für das Verschlingen großer Beutetiere, hier ein Felsenpython mit Gazelle, benötigen Riesenschlangen oft Stunden.

schnitten hatte, sind Nilkrokodile, Entenvögel, Marabus, Stachelschweine, Antilopen, Schafe, Kälber und Schakale, um nur einige Beispiele zu nennen. Dabei handelt es sich natürlich um die entsprechenden passgerechten Größenklassen der jeweiligen Beutetiere; ein 4 m langer Felsenpython wird kein 5 m langes Nilkrokodil überwinden und verschlingen können!
Die hohe Anzahl überlieferter Dokumente zum Beutespektrum des Nördlichen Felsenpythons wird durch den in den offenen Trockensavannen Ostafrikas etablierten Wildtiertourismus deutlich begünstigt. Als sehr wehrhaftes Tier, besonders bei einer respektablen Gesamtlänge, und hervorragend angepasst an die jeweiligen afrikanischen Landschaftstypen, kann er durchaus mit anderen großen Beutegreifern konkurrieren. Für das Ausdünnen der Wildpopulationen des Nördlichen Felsenpythons sind vor allem der kommerzielle Hauthandel und der sogenannte bushmeat-Handel verantwortlich.

Fortpflanzung

Auch der Felsenpython bewacht das Gelege, bebrütet es aber nicht aktiv wie der Dunkle Tigerpython, der durch Muskelzittern für höhere Temperaturen sorgen kann. Das Weibchen schlingt sich jedoch um die Eier, bedeckt sie bei Abkühlung, um die eigene Körperwärme an sie abzugeben, und öffnet sich bei höheren Tagestemperaturen, um eine Luftzirkulation zu gewährleisten. Die Brutdauer beträgt 72-76 Tage, die Schlüpflinge messen 50-65 cm und haben ein Gewicht von 75-140 g. Die Zahl der Jungen hängt wiederum von der Größe der Mutter ab und kann maximal 100 betragen.

Kapitel 2

Boa constrictor, Amethystpython & Co. – die Familie der Riesenschlangen

LINKS: Insgesamt 78 Arten gehören zu den Riesenschlangen, hier ein Weißlippenpython *(Leiopython albertisii)*.

Die Verwandten der »Big Four«

von Lutz Dirksen

NEBEN DER GROSSEN Anakonda, dem Netzpython, Tigerpython und Felsenpython widmet sich dieses Kapitel den anderen Schlangenarten, die ebenso in die Familie der Riesenschlangen gehören. Dazu zählen auch einige Arten, die wenigstens 4–5 m lang werden können. Da der Amethystpython immerhin Längen von angeblich 8 m erreicht haben soll und die *Boa constrictor* auch durch ihren einprägsamen Namen die Bekannteste aller Riesenschlangen ist, werden beide Arten in diesem Kapitel näher vorgestellt, obwohl sie nachweislich nicht die Dimensionen der größten 4 Arten erreichen.

*

DEM AKTUELLSTEN STAND der Wissenschaft zufolge werden insgesamt 78 Arten in den Familien der Boaschlangen (Boidae) und der Pythons (Pythonidae) anerkannt. Innerhalb der Boas unterscheidet man noch 2 Unterfamilien, von denen nur die eigentlichen Boas (Boinae) große Arten hervorbringen, die 13 Arten der Sandboas (Erycinae) bleiben viel kleiner und erreichen oft nicht einmal eine Länge von 1 m. Die einzige »Riesenschlange« in Europa ist übrigens die Westliche Sandboa *(Eryx jaculus),* die in Griechenland und der angrenzenden Türkei als Unterart *Eryx jaculus turcicus* beheimatet ist. Aber auch die meisten Arten der insgesamt 30 Boaschlangen und 35 Pythonschlangen bleiben deutlich unter 3 m Länge.

UNTEN: Die 78 Arten der Riesenschlangen sind nach ihrer Maximallänge in 1-m-Abständen dargestellt. Die meisten Arten bleiben deutlich unter 5 m Länge.

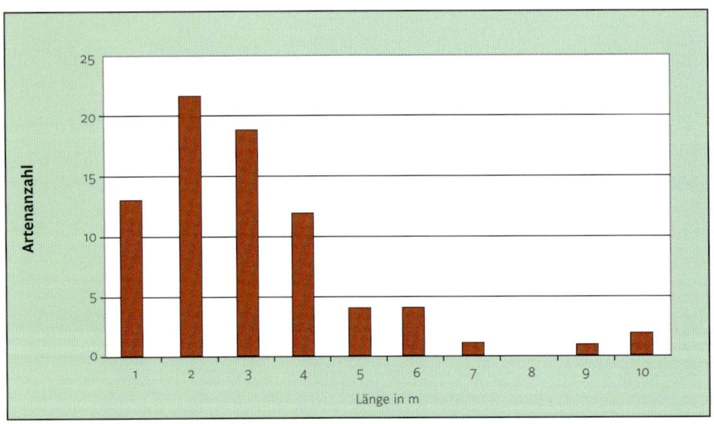

*

DIE RIESENSCHLANGEN bilden eine von allen anderen Schlangen deutlich abgrenzbare Einheit. In der Biologie werden sie als »miteinander verwandt« bezeichnet. Sie haben alle bestimmte Merkmale, die in dieser Kombination bei keinen anderen Schlangen vorliegen. Ihnen allen sind folgende urtümliche Merkmale gemein: Sie besitzen eine große Anzahl Schuppenreihen um den Körper, haben einen primitiven Schädelbau, viele gleichartige Zähne sowie Becken- und Beinrudimente. Riesenschlangen zeichnen sich auch durch das komplette Fehlen von Giftdrüsen aus. Obwohl sie verschiedene Ökosystemlandschaften wie Halbwüsten, subtropische Monsunwälder, tropische Regenwälder und offene tropische Sumpflandschaften erschlossen haben, konnten sie sich nicht an den Jahreszeitenwechsel der gemäßigten Breiten anpassen, wie es den Nattern und Vipern möglich war.

Die Familie der Riesenschlangen ist eine sehr alte Schlangengruppe und existierte schon lange vor den Nattern und Vipern. Die ältesten fossilen Funde von Riesenschlangen stammen aus der Kreide (144-65 Mill. Jahre). Die Ursprünge der Schlangen reichen aber vermutlich bis in das Jura (206-144 Mill. Jahre) zurück. Lange war unklar, aus welcher Gruppe der Echsen sich die Schlangen entwickelten, und man nahm an, dass sie von im Boden lebenden und grabenden Echsen abstammen. Doch heute liefern paläontologische Forschungen an ausgestorbenen Reptilien Hinweise darauf, dass Schlangen von ehemals marinen Mosasauriern abstammen. Diese wiederum sind nahe verwandt mit den Waranen, sodass die heute lebenden Warane die am nächsten verwandte Echsenfamilie zu den Riesenschlangen ist. Waranen ist übrigens eine gespaltene Zunge genau wie die der Schlangen eigen.

*

AUCH IN DEUTSCHLAND und Mitteleuropa wurden fossile Riesenschlangen entdeckt, zum Beispiel in der Grube Messel bei Darmstadt, die durch ihre ungewöhnlich gut erhaltenen Fossilien bekannt wurde. Diese Riesenschlangen waren hier vor rund 47 Millionen Jahren heimisch, zu einer Zeit, als es in Europa viel wärmer als heute war. Aus diesem Zeitalter, dem Eozän (55-38 Mill. Jahre), sind auch Knochenfunde von extrem großen Schlangen entdeckt worden, die vermutlich sogar noch größer wurden als die größten heute lebenden Riesenschlangen. Anhand von großen Wirbelknochen wird beispielsweise die Länge von *Gigantophis* aus alttertiären Schichten in Ägypten auf 15 m geschätzt. Auch die Gattung *Madtsoia* aus Patagonien in Argentinien soll ähnliche Längen erreicht haben.

*

EIN WESENTLICHER Unterschied zwischen den Pythonidae und den Boidae besteht darin, dass Pythons ausnahmslos eierlegend (ovipar) sind, während Boaschlangen ebenso wie Sandboas sich durch Lebendgeburten (Ovoviviparie) auszeichnen. Auch im Vorkommen grenzen sich die Pythons und Boaschlangen eindeutig voneinander ab. Die Boinae kommen überwiegend in den beiden amerikanischen Kontinenten und in der Karibik vor, einige Arten jedoch auch im östlichen Indonesien, Neuguinea, einigen Pazifikinseln und mit 2 Arten überraschenderweise auch auf Madagaskar. Die Pythonide sind auf die sogenannte »Alte Welt« beschränkt.

OBEN: **Die Regenbogenboa zeichnet sich durch eine stark irrisierende Oberfläche aus. Die schimmernden Farben haben zu ihrer Namensgebung geführt.**

Biologie und Lebensgewohnheiten

Neben langen und sehr dünnen Vertretern (Schlankboas) kann die Körperform der Riesenschlangen auch kurz und gedrungen sein, wie z. B. bei dem Roten Kurschwanzpython *(Python brongersmai)*. Der Kopf ist unterschiedlich stark vom Körper abgesetzt. Die Anzahl der Wirbel ist bei den großen Pythons am höchsten, und den

Rekord hält der Tigerpython mit bis zu 435 Wirbeln! Die Zähne sind spitz und nach hinten gerichtet. Im Oberkiefer sitzt im Bereich des Gaumens sogar eine 2. Zahnreihe. Allen Riesenschlangen ist das Vorhandensein von rudimentären Becken- und Beinknochen gemeinsam.
Keine andere Tiergruppe hat einen in sich so beweglichen Schädel wie die Schlangen, eine Anpassung an das Verschlingen von großen Beutetieren. Der rechte und linke Unterkiefer sind nicht miteinander verwachsen und können aus den Schädelgelenken gehoben werden. Außerdem ist das bei Reptilien einzige Gehörknöchelchen (Columella) in die Schädelkinetik eingebaut, sodass dieser Knochen nicht mehr dem Gehörsinn dienlich ist. Schlangen sind dadurch praktisch taub, zumal eine äußere Gehöröffnung, Trommelfell, Paukenhöhle und die Eustachische Röhre fehlen. Dieses Manko gleichen die Schlangen aber durch andere Sinne wieder aus. Zunächst begünstigt die große Auflagefläche der Schlangen auf dem Boden das Spüren von Vibrationen.

DIE WAHRNEHMUNG von Geruchsstoffen ist bei den Schlangen besonders wichtig. 2 Nasenöffnungen führen zu einem gut entwickelten Nasenepithel - einem Gewebe, das ein sensibles Riechen ermöglicht. Aber auch beim Züngeln werden Duftstoffe aufgenommen. Mit den Zungenspitzen werden diese zu einem weiteren Sinnesorgan im Gaumen transportiert: Hier sitzt das sogenannte Jacobson'sche Organ, das ebenso allen Echsen und einigen Säugetieren eigen ist.
Auch die Augen sind ein wichtiger Bestandteil in der Wahrnehmung der Umwelt im Zusammenspiel der Sinne. Bei den Riesenschlangen sind auf der Netzhaut sowohl die zum Farbensehen notwendigen Zapfenzellen als auch die bei wenig Licht notwendigen Stäbchenzellen vorhanden, die ein Schwarz-Weiß-Sehen ermöglichen.
Zusammen mit den Grubenottern besitzen viele Riesenschlangen einen hervorragend ausgeprägten Infrarotsinn, der ihnen das Auffinden von warmblütiger Beute bei völliger Dunkelheit ermöglicht. In den unteren Lippenschuppen liegen bis zu 13 Gruben pro Seite, in deren Hohlraum ein Epithel aus wärmeempfindlichen Sinneszellen sitzt. Einige Arten sollen Temperaturdifferenzen bis zu 0,025 °C unterscheiden können. Anakondas wiederum fehlen derartige wärmesensible Gruben. Von einigen Boaschlangen wie der *Boa constrictor* ist bekannt, dass sie auch auf einigen Kopfschildern infrarotempfindliche Rezeptoren besitzen.

DIE ÜBLICHSTE FORM der Fortbewegung ist auch bei den Riesenschlangen das Schlängeln, bei dem der gesamte Körper über jeden Punkt hinweg gleitet, sodass auf dem Boden eine Schlangenlinienspur zu erkennen ist. Dabei wird Druck auf das nachgebende Substrat oder jede Unebenheit des Bodens ausgeübt. Eine weitere Art der Fortbewegung ist das sogenannte Ziehharmonika-Kriechen, bei dem der Körper Windungen nach vorne schiebt. Eine langsame und vor allem von massigen Schlangen angewandte Methode ist das Raupenkriechen. Die großen Bauchschuppen werden dabei in kleinen Gruppen durch Muskelkraft angehoben und nach vorne geschoben. Es entsteht eine geradlinige Spur. Das Seitenwinden, bei dem nur kleine Körperpartien jeweils den Boden berühren und ein strichförmiges Muster auf dem Untergrund entsteht, wird nur von kleineren Wüsten bewohnenden Riesenschlangen eingesetzt.
Zum Schwimmen sind grundsätzlich alle Schlangenarten in der Lage. Die Sandboas und einige kleine Pythonarten (z. B. *Botrochilus boa*, *Calabaria reinhardtii)* wühlen sich auch durch lockeres Erdreich oder sandige Böden. Riesenschlangen sind aufgrund ihrer Körperform zudem zum Klettern in der Lage. Einige Arten wie der Grüne

Baumpython *(Morelia viridis)* und der südamerikanische Hundskopfschlinger *(Corallus caninus)* haben eine rein baumbewohnende Lebensweise angenommen und verlassen die Bäume nur selten. Dabei benutzten sie ihren Greifschwanz auch zum Festhalten beim Fang und Fraß der Beute.

*

IN DEN TROPEN spüren die meisten Arten bevorzugt nachts ihre Beute auf. In subtropischen Gebieten sind sie zumindest in den kühleren Jahreszeiten auch tagaktiv, und man kann sie gelegentlich während des Sonnenbads beobachten. Wenn es jahreszeitlich bedingt kühler wird, legen einige Arten in geschützten Verstecken eine längere Winterruhe ein.

Beutetiere werden gepackt und in 2-3 Körperschlingen erwürgt. Erst wenn die Beute eindeutig tot ist, beginnt die Riesenschlange vom Kopf beginnend die ganze Beute herunterzuschlingen. Das kann bei besonders großen Beutetieren über mehrere Stunden andauern. Dann werden die beiden Unterkiefer voneinander gelöst und aus dem Kiefergelenk ausgehängt. Nacheinander wird dann eine Kieferhälfte vorgeschoben und mithilfe der spitzen nach hinten gerichteten Zähne in den Schlund befördert. Wegen der enormen Größe mancher Beutetiere besitzen die Schlangen extrem starke Verdauungssäfte, die sogar Knochen und Hörner von großen Wirbeltieren komplett aufzulösen vermögen. Nach einer solchen Mahlzeit können die Riesenschlangen über einen sehr großen Zeitraum ohne Nahrung auskommen, indem sie von den angelegten Fettreserven zehren.

*

DIE MEISTEN Riesenschlangen fressen jede erreichbare Beute der entsprechenden Größe; fast immer besteht diese aus Wirbeltieren. Jungtiere nehmen aber auch Insekten oder andere wirbellose Tiere auf. Der Afrikanische Erdpython *(Calabaria reinhardtii)* frisst neben kleinen Nagetieren sogar Regenwürmer. Der Schwarzkopfpython *(Aspidites melanocephalus)* verschmäht auch hochgiftige Schlangen nicht. Selbst Kaimane, Raubkatzen und Piranhas werden von Riesenschlangen erbeutet. Aber auch Generalisten - in diesem Fall Schlangen, die keine Nahrungsspezialisten sind - können sich von nur einer Nahrungsquelle über einen längeren Zeitraum ernähren. Netzpythons z. B. leben vor oder sogar in von Fledermäusen und Flughunden bewohnten Höhlen und erbeuten ausschließlich diese, bis sie eine Größe erreichen, in der diese fliegenden Säugetiere als Beutetiere zu klein geworden sind. In Gefangenschaft ist häufig zu beobachten, dass Generalisten phasenweise nur eine einzige Beuteart als Nahrung akzeptieren. Eine über 5 m lange Große Anakonda fraß nach ihrem Fang zunächst Schweine, Kaninchen, Enten und Karpfen. Weiter heißt es, dass diese Anakonda nach einem Monat nur noch Enten und Gänse annahm. Offensichtlich suchte sich die

OBEN: **Der Schwarzkopfpython *(Aspidites melanocephalus)* ist ein Nahrungsspezialist und jagt fast ausschließlich Reptilien. Auch hochgiftige Schlangen werden von ihm erbeutet und gefressen.**

OBEN: **Der Grüne Baumpython *(Morelia viridis)* ist farblich hervorragend an sein Leben in Bäumen und Büschen angepasst. Hier ist er in seiner typischen Ruhestellung zu sehen.**

Anakonda bei diesem »Überangebot« nur noch ihre Lieblingsbeute heraus. Neben den Generalisten gibt es einige kleinere Arten, die Nahrungsspezialisten sind – z. B. den Rauschuppenpython *(Morelia carinata)*, der ausschließlich Fische und Frösche frisst, oder die Schwarzkopfpythons (*Aspidites*-Arten), die eine Vorliebe für Reptilien haben.

*

BESONDERS JUNGTIERE werden leicht zur Beute von Fressfeinden, und oftmals erreicht nur ein geringer Anteil des Nachwuchses das Erwachsenenalter. Eine wirkungsvolle Schutzstrategie liegt darin, sich farblich dem Lebensraum anzupassen. Sandboas z. B. besitzen ihrem Namen entsprechend ein sandfarbenes bis braunes Farbmuster. Der in Neuguinea und Nordaustralien beheimatete Grüne Baumpython und der südamerikanische Hundskopfschlinger sind für den Laien auf den ersten Blick kaum zu unterscheiden. Beide leben im Blätterbereich, sind zumindest im Erwachsenenalter grün und entsprechend schwer auszumachen. Viele andere Arten wie die *Boa constrictor* oder die bodenlebenden Pazifik-Boas *(Candoia)* weisen ein buntes Muster auf, das den Körper in seiner Form vom Hintergrund auflöst, sodass sie beispielsweise in der Laubstreu kaum auszumachen sind.
Wenn Riesenschlangen doch entdeckt werden, versuchen sie nach Möglichkeit die Flucht zu ergreifen. Ist dies nicht möglich und auch Abschreckung durch Scheinangriffe und Zischen unwirksam, drohen viele Arten, in dem sie nach vorne schnellen, zubeißen, um sich bei entsprechender Größe um den Angreifer zu winden. Dabei können die Körperschlingen erstaunlichen Druck ausüben. Einige Arten haben eine besondere Form der Verteidigung entwickelt, indem sie sich zu einer Ballform einrollen, sodass der empfindliche Kopf und die Bauchseite geschützt sind; bekanntestes Beispiel ist der recht kleine Königspython *(Python regius)*. Zur Effektivität dieses Ver-

RECHTS: **Eine robuste Riesenschlange ist die Paraguay-Anakonda *(Eunectes notaeus)*, die, wie dieses Exemplar, in Argentinien sogar noch bis an die Frostgrenze vorkommt.**

haltens ist wenig bekannt. Sicherlich wirkt die Ballform auf einen potenziellen Angreifer verwirrend.

OBEN: **Eine der weltweit bekanntesten Riesenschlangen ist die Königsboa. Eher bekannt ist sie unter ihrem lateinischen Artnamen *Boa constrictor*. Sie kommt in fast allen Ländern Süd- und Mittelamerikas vor.**

Zur Fortpflanzung

Unter den Riesenschlangen existiert in Hinsicht ihrer Fortpflanzungsbiologie ein wesentlicher Unterschied, der beide Familien eindeutig voneinander unterscheidet. Die Pythonidae sind eierlegend, während die Boidae ovovivipar sind, was bedeutet, dass die jungen Boas bereits im Mutterleib oder direkt nach der Geburt aus der nicht verkalkten Eischale schlüpfen.

*

WÄHREND DIE Arten tropischer Regionen, ohne den Rhythmus der Jahreszeiten, sich theoretisch das ganze Jahr fortpflanzen könnten - dort stimulieren die kleinen und großen Regenzeiten die Paarungsaktivitäten -, sind die Paarungszeiten von Riesenschlangen der gemäßigten Zonen deutlich von den jahreszeitlichen Wetterbedingungen abhängig. Oft findet die Paarung bei markantem Temperaturanstieg statt, zum Beginn der wärmeren Jahreszeit etwa oder auch zum Beginn der Regenzeit. Schlangen sind generell Einzelgänger, die nur während der Paarungszeit auf die Suche nach Artgenossen gehen. Das Auffinden dieser findet im Allgemeinen über Sexualduftstoffe, die Pheromone, statt. Kommentkämpfe sind bei den Riesenschlangen selten und wenig ausgeprägt. Die Weibchen, besonders der großen Arten, werden erheblich länger und schwerer als die Männchen. Viele Vertreter der Pythonidae verlassen ihr Gelege nicht nach der Eiablage, sondern bewachen dieses, indem sie sich um die Eier legen. Einige Arten wie z. B. Amethystpython, Tigerpython oder der Grüne Baumpython sind sogar in der Lage, bei niedrigen Temperaturen durch Muskelkontraktionen die Temperatur des Geleges bis zu 7 °C zu erhöhen. Die Dauer bis zum Schlupf (Inkubationszeit) beträgt bei den meisten Pythonarten zwischen 55 und 70 Tage. Bei den größeren Arten kann es jedoch bis über 100 Tage dauern. Besonders in den ersten Jahren bis zum Erreichen der Geschlechtsreife wachsen die Jungtiere besonders schnell. Mit zunehmendem Alter verlangsamt sich das Längenwachstum zusehends. Je nach Art und individuellem Ernährungszustand erlangen sie nach 2-4 Jahren die Geschlechtsreife.

Die Königsboa *(Boa constrictor)*

Die *Boa constrictor,* auch Königsboa oder Abgottschlange genannt, zählt zu den populärsten Schlangen weltweit. In vielen zoologischen Gärten kann diese prächtig gefärbte Schlange bewundert

werden. Sie ist auch sehr beliebt bei Schlangenhaltern und wird seit Jahrzehnten regelmäßig in Gefangenschaft zur Nachzucht gebracht. Diese Art besitzt in jungen Jahren meist ein eher friedliches Gemüt, soll aber später dazu neigen, etwas unberechenbarer zu werden.

Die Königsboa besiedelt fast den ganzen süd- und zentralamerikanischen Kontinent, wo sie von Argentinien im Süden bis nach Mexiko in den Norden, in Höhen bis 1000 m vorkommt. Vielseitig sind auch ihre verschiedenartig besiedelten Lebensräume, die vom tropischen Regenwald bis hin zu trockenen Savannenregionen reichen.

Durch die Anpassung an diese unterschiedlichen Klimazonen ist es daher nicht verwunderlich, dass sich im Laufe der Zeit bestimmte Farbmuster in geografisch getrennten Populationen herausgebildet haben. Auch hinsichtlich der Größe gibt es deutliche Unterschiede. Reptilienforscher sind sich uneinig darüber, wie vielen dieser Varianten Unterartstatus zugerechnet werden soll.

*

MIT DER KÖNIGSBOA wird – wie mit den Anakondas und Pythons – nicht selten Gefahr und eine besondere Größe assoziiert. Allerdings ist die *Boa constrictor* weit davon entfernt, zu den ganz Großen zu gehören. Zwar steht in vielen Schriften, dass die Königsboa immerhin beträchtliche 5–5,5 m erreichen kann, doch wird diese Ansicht von den meisten Experten nicht geteilt. Tatsächlich sind Exemplare von mehr als 3,5 m eine Rarität. Doch mit so einer Länge können sie auch dann für den Menschen zu einer potenziellen Gefahr werden, wie folgender fatal verlaufene Zwischenfall Ende 2006 belegt: Der 48-jährige Schlangenbesitzer Ted Dres aus Cincinnati (USA) wurde laut Pressemeldungen von seiner eigenen, immerhin 3,8 m langen Boa getötet. Dres wurde von einem Bekannten im Schlangenkäfig aufgefunden. Er war von seiner Boa erwürgt worden. Der Bekannte alarmierte sofort die Polizei. Den Angaben zufolge umschlang die Boa noch immer den Hals ihres Opfers, als die Beamten erschienen. Erst mit mehreren Leuten sei es dann gelungen, die Schlange von dem leblosen Körper zu entfernen. Die Boa wurde zunächst in ein Tierheim gebracht. Ihr weiteres Schicksal ist uns nicht bekannt.

Der Amethystpython *(Morelia amethistina)*

Der Name dieser Riesenschlange bezieht sich auf den bläulich irisierenden Glanz der Schuppen, welcher nach einer Häutung besonders schön schillert. Dieser Python ist die längste Schlange Australiens, die dort nur im Nordosten des Bundesstaates Queenslands verbreitet ist. Des Weiteren ist er im östlichen Indonesien (Molukken), auf Ost-Timor, Neuguinea und angrenzenden Inseln sowie vom Bismarck-Archipel und kleineren Pazifikinseln bekannt. Allerdings wurden die indonesischen Populationen vor wenigen Jahren als eigene Arten identifiziert. Aller Wahrscheinlichkeit nach könnten weitere neue Arten, die ehemals als Amethystpython bekannt waren, in naher Zukunft aus dem westpazifischen Raum beschrieben werden.

Der Amethystpython ist in der Wahl seines Lebensraums flexibel, er ist im tropischen Regenwald, Mangrovensümpfen und offenem Wald- und Buschland zu Hause. Amethystpythons sind gute Schwimmer und meist in der Nähe von Gewässern anzutreffen. Auch scheuen sie sich nicht aufs offene Meer hinauszuschwimmen, wodurch sie viele kleine Inseln besiedeln konnten.

Der Amethystpython hat einen schlanken Körperbau und erreicht nicht das Gewicht gleich langer anderer *Python*-Arten. Obwohl die durchschnittliche Länge je nach Autor bei 2,5–5 m liegt, sollen einzelne Exemplare dieses Pythons bis zu 7–8 m lang geworden sein – in einem Fall aus dem Jahre 1948 wird sogar von einem 8,6 m langen Tier im Norden Australiens berichtet. Allerdings werden

OBEN: Der Amethystpython *(Morelia amethistina)* gehört ebenfalls zu den größten Riesenschlangen. Das Potenzial für die längste Schlange weltweit hat er jedoch nicht.

solche Längen angezweifelt, und kein Exemplar ist nachweislich annähernd so lang.

*

MIT ZUNEHMENDER Größe geht die vorwiegend in Bäumen und Büschen lebende Schlange ebenfalls zu einer bodenbewohnenden Lebensweise über, hier erfolgt aber nicht wie beispielsweise beim Netzpython eine deutliche Veränderung in der Nutzung des Lebensraumes. Bemerkenswert sind die langen vorderen Zahnreihen, mit denen der Amethystpython primär Vögel und Säugetiere erbeutet. Aber auch Reptilien, z. B. Warane, werden nicht verschmäht. Während der Paarungszeit bekämpfen sich die Männchen heftig, und die Bisse können zu schweren Verletzungen führen. Das Gelege besteht aus durchschnittlich 12 Eiern, die, wie bei Pythons üblich, vom Weibchen bebrütet werden. Der Amethystpython gilt als recht aggressiv und ist daher für eine Haltung in Gefangenschaft nicht zu empfehlen.

Kapitel 3

Ewig lang und voller Kraft – wie misst man eine Riesenschlange?

LINKS: Die Köpfe der kleinen Tigerpythons sind in dem Gewirr aus Schlangenleibern kaum auszumachen. Der Wurf stammt aus dem Aquarium des Berliner Zoos.

Die Messgenauigkeit bleibt eine Variable

von Henry Bellosa

ZUR ERMITTLUNG der wirklichen Länge einer Schlange bedarf es einer Messtechnik und einer Fehlerdiskussion, also der Einschätzung der Messgenauigkeit. Das Ergebnis der Messung wird schriftlich im Beisein eines oder mehrerer glaubhafter Zeugen bestätigt und ist damit seriös. In vielen Fällen historischer Messungen waren diese Umstände entweder nicht gegeben oder zumindest fragwürdig.

Nun ist es natürlich praktisch unmöglich, die Länge einer großen Schlange bis auf den letzten Zentimeter oder Millimeter genau auszumessen. Letztlich muss man sich darauf verständigen, dass die exakte Länge um 5-10 cm in beide Richtungen abweichen kann. Bereits 1980 führt der Zoologe Hans-Günther Petzold in seinem Artikel »Wie lang wird die größte Riesenschlange der Erde?« noch ein weiteres Kriterium an: Wer hat die Messung vorgenommen? Oft beflügeln nämlich Wunschvorstellungen oder Prahlerei den Messenden, zudem spielen bei der Erinnerung Angst oder Täuschungen oft einen Streich. Schließlich spielt die Gesamtlänge insofern eine Rolle, als man bei Tieren bis 1,5 m Länge sehr genaue Messungen erzielt, bis 3 m die Abweichungen noch tolerierbar sind, dagegen die Anhäufungen von kleinen Ungenauigkeiten mit steigender Meterzahl rapide zunimmt. Diese letzte Aussage gilt für alle Messmethoden, auf die wir nun im Einzelnen eingehen.

Schätzungen

Die genauen Längen von besonders großen Schlangen sind sehr schwer einzuschätzen. Viele Menschen lassen sich durch den imposanten Anblick verleiten, diese für größer zu halten als sie in Wirklichkeit sind. Oft ist aber nur eine Schätzung möglich, sei es, weil man das Tier in der Natur gesehen hat, oder aber weil keine anderen Messmethoden zur Verfügung stehen. Dennoch sollten wir Schätzungen grundsätzlich nicht ignorieren, sind sie doch oft die einzigen Informationen über historische Daten zu Riesenschlangen und deren Größe.

Schätzungen sind wesentlich genauer, wenn z. B. einem Schlangenhalter die genauen Maße des Terrariums bekannt sind und er wiederholt seine Schlange dort entlangkriechen sieht. Von vielen meiner Riesenschlangen habe ich durch zuvor genau vermessene Strecken die Länge bis auf wenige Zentimeter genau einschätzen können. Messungen mit einem Maßband ergaben dann bei mir und anderen Riesenschlangenhaltern Abweichungen, die sich aber durch wiederholtes Messen auf die vorher bereits mehrfach geschätzte Länge einpendelten. Weshalb Lebendmessungen durchaus auch zu erheblichen Fehlern führen können, darauf wird in diesem Kapitel noch eingegangen.

Die Grenze für Schätzungen liegt bei etwa 5 m Länge. Bei noch größeren Tieren tippen selbst Experten oft daneben, auch mir erging es mehrfach so: Unglücklicherweise wird die Nicht-Schätzbarkeit wirklich langer Exemplare zu schamlosen Übertreibungen ausgenutzt und in den Medien letztlich auch kommerziell umgesetzt. Mehrfach wurden in TV-Dokumentationen große Riesenschlangen gezeigt, bei denen die angegebene Länge nachweislich über der Wirklichkeit liegt, obwohl die echte Länge bekannt war. Über die Gründe dafür lässt sich durchaus spekulieren. In meinen Dateien sind trotzdem viele Schätzwerte von Riesenschlangen gespeichert, da sie zumindest einen Anhaltspunkt über die Längenkategorie geben. Zur Auflistung von exakten Rekorden sind sie aber kaum geeignet.

Häute

Die Haut ist ein hochkomplexes und multifunktionelles Organ der Schlange und ebenso wie bei uns Menschen mit vielen Rezeptoren zur Sinneswahrnehmung, mit Blutbahnen und Nervenzellen bestückt. Sie grenzt das Individuum elastisch von der Außenwelt ab. Dies bedingt auch, dass die Häute der Schlangen grundsätzlich dehn- und streckbar sind. Auch bei Riesenschlangen liegen mehrere Hautschichten übereinander, die sich in ihrer Beweglichkeit gegenseitig beeinflussen: Die Längsdehnung ist bei lebenden Schlangen nur lokal gegeben, das bedeutet, dass über eine kurze Strecke die Muskulatur sich zusammenziehen oder entspannen kann und diese Strecke dann einige Zentimeter kürzer oder länger ist.

*

DIE QUERDEHNUNG, also das Sich-Dünner-und-Dicker-machen, kann dagegen über den gesamten Rumpf ablaufen, dadurch ist aber die Länge der Schlange nicht betroffen. Allerdings weicht eine nach dem europäischen Gerbverfahren behandelte Haut, etwa zur Gewinnung von Taschen- oder Schuhleder, in der Länge und auch in der Breite nur sehr wenig von der Originalgröße ab. Anders verhält es sich mit Häuten, die in Afrika, Asien oder Südamerika unter der Maßgabe

UNTEN: Diese 6,5 m lange Haut aus einem Museum in Paraguay sollte angeblich 10 m lang sein. Die längste bekannte Anakondahaut ist knapp 9 m lang und praktisch nicht gestreckt.

OBEN: **Diese Haut gehörte einst einer imposanten bolivianischen Anakonda. Häute werden bei dem nach wie vor ausstehenden Preis von 50 000 US-$ für eine 9,14 m lange Schlange nicht akzeptiert.**

größtmöglicher Flächen gestreckt wurden, somit keinem echten Gerbverfahren unterlagen. Diese Häute weisen je nach Autor verschiedene Dehnungsfaktoren von 20–25 % bis sogar 40–50 % auf. Neuere Untersuchungen an afrikanischen Felsenpythons belegen eine Streckung von 25 %. Oft werden die Häute an der Luft oder über dem Feuer getrocknet, dann zusammengerollt oder gefaltet und der Lederindustrie oder auf Märkten verkauft. Hier einige Beispiele von Messungen an Häuten:

1. Am Kopf eines Felsenpythons, dessen Haut komplett vorhanden ist, gibt es Brandspuren, und die Bauchschuppen wurden, wie in den meisten Fällen, entfernt. Bei einer Gesamtlänge von 6,1 m finden sich in Längsrichtung Abstände zwischen den Schuppenreihen von 1–1,5 mm, im Halsbereich sogar noch darüber hinaus, teilweise bis 2,5 mm Länge. Summiert man diese Abstände mit der Zahl der Schuppenreihen auf die Gesamtlänge, müssen 40–60 cm abgezogen werden, d. h. die Schlange hat eine echte Länge von ca. 5,5 m. Diese Länge passt im Verhältnis sehr gut zur Kopfgröße.
2. Bei einer Anakondahaut fehlen ein Teil des Halses und der Kopf. Trotzdem misst die Haut noch 5,6 m. Über den weitaus größten Teil des Rumpfes treten in Längsrichtung keine Abstände zwischen den Schuppenreihen auf, lediglich bei 30 Rückenschuppenreihen findet man Abstände von durchschnittlich 2,5 mm. Zieht man diese großzügig ab, so verbleibt eine Länge von 5,5 m. Zusammen mit dem restlichen Hals und Kopf dürfte diese Anakonda wohl knapp 6 m im Ursprungszustand gemessen haben. Betrug die Dehnung bei der 1. Haut noch 11,7 %, so hat sie bei der 2. Haut lediglich eine Größe von 2 %.
3. Bei der Tigerpythonhaut eines Züchters, die er von einem professionellen Tierpräparator bearbeiten ließ, trat eine Dehnung von 1,5 % auf.
4. Eine 4. Haut, wieder von einem Tigerpython, wurde ebenfalls mit hervorragender Technik präpariert und zeigt folgende Maße: Gesamtlänge 4,1 m, Breite 28–30 cm. Zwischen den Schuppen ist kein Abstand vorhanden, sodass

auch keine Dehnung vorliegt. Der Halsumfang von 18 cm und die Kopfgröße von 11 mal 9 cm passen hervorragend dazu, ebenso die Schwanzlänge von 49 cm (männliches Tier).

*

BEI ALL DIESEN Beispielen kann recht genau auf die reale Länge der Schlange in vivo geschlossen werden, wodurch vielleicht der Eindruck entsteht, dass Häute ein wichtiger Nachweis bei den Kandidaten um den Titel »größte Schlange der Welt« wären. Dem ist aber nicht so, und zwar aus folgenden Gründen:

- Weltweit existieren nur wenige Häute von Schlangen über 6 m Länge.
- Diese Häute sind teilweise in schlechtem Zustand, sodass eine Beurteilung nach den obigen Kriterien nicht möglich ist.
- Einige Häute zeigen ein krasses Missverhältnis von Länge zur Breite, wobei oft neben den Bauchschuppen auch einige seitliche Körperschuppenreihen fehlen. Hier müssen Schuppenabstände, die Schuppenform, fehlende Schuppenreihen genauestens untersucht werden, um zu einer exakten Beurteilung der Reallänge zu kommen.
- Von Tieren, die in jüngerer Zeit, sagen wir ab 1990, verstarben und von denen die Haut präpariert wurde, sind die Längen ohnehin bekannt.

Häute werden übrigens bei dem seit vielen Jahren bestehenden Preis von 50 000 US-$ für eine 9,14 m lange Schlange nicht akzeptiert (siehe Seite 118).

*

ZUM ABSCHLUSS dieser Betrachtungen stelle ich noch eine ganz besondere Haut vor: Sie stammt von einer Großen Anakonda und wurde 1935 in Brasilien präpariert. Durch sorgfältige Behandlung und Weitergabe innerhalb einer Familie hat diese Haut die letzten 70 Jahre unbeschadet überdauert und kann heute noch genauestens vermessen werden. Sie hat eine Länge von 8,85 m, bei einer Breite von 56-59 cm. Da auch hier die Bauchschuppen und einige angrenzende

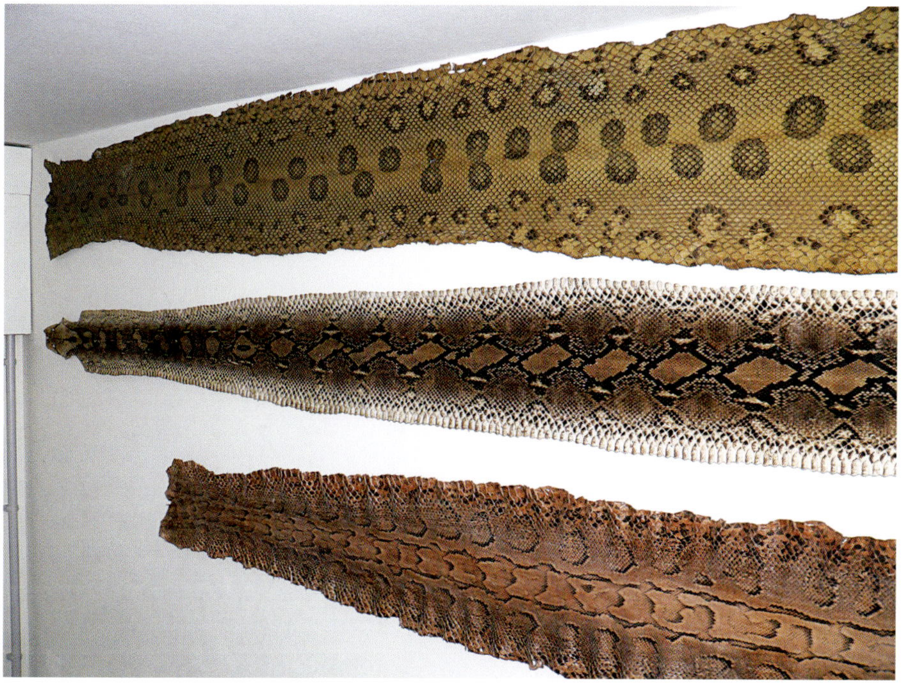

RECHTS: 3 vom Zoll beschlagnahmte Häute der »großen Vier« »dekorieren« die Wand der herpetologischen Sektion des Zoologischen Forschungsmuseums Alexander Koenig in Bonn. Von oben nach unten: Große Anakonda, Netzpython, Nördlicher Felsenpython.

Schuppenreihen fehlen, dürfte die Originalbreite der abgezogenen Haut um die 70 cm betragen haben. Das ist natürlich für eine Anakonda dieser Länge eher wenig. Wenn man aber bedenkt, dass Freilandtiere lange Fastenperioden einlegen, relativ unregelmäßig Nahrung aufnehmen und dieses Tier womöglich sehr alt war, ist der recht geringe Umfang bei dieser Anakonda durchaus glaubhaft. Da die Haut keine Abstände zwischen den Schuppenreihen zeigt, sind wir davon überzeugt, dass diese Anakonda eines der größten uns Menschen bekannten Exemplare war (siehe Kapitel 5).

Messungen an Vollpräparaten

Für die großen zoologischen Sammlungen der Naturkundemuseen in aller Welt wurden immer wieder beeindruckende Exemplare von Riesenschlangen nach ihrem Tod als Vollpräparate ausgestellt.
Ein riesiges Felsenpythonweibchen wurde 2004 in einer Ausstellung über die afrikanische Savanne im Lichthof des Forschungsmuseums Alexander König in Bonn gezeigt. Die Vermessung ergab 6,07 m Länge und 69 cm Umfang. Das Tier war 1938 von Gräfin Dönhoff dem Museum übergeben worden und stammte ursprünglich aus Kenia. Nach Korrektur durch Abzug der Schuppenabstände wurden folgende ursprüngliche Maße berechnet: Länge 5,5 m, Umfang 56 cm, Gewicht 75 kg. Die Dehnung betrug demnach in der Länge 10,4 % und in der Breite 23,2 %. Bei allen Messungen, die hier vorgestellt werden, wurden nie derartige Dehnungsprozente erreicht, wie sie in der Literatur immer wieder erwähnt werden.

GENAU UMGEKEHRT liegen die Verhältnisse bei einem Vollpräparat einer vom Zoll am 10. April 1990 beschlagnahmten Großen Anakonda, die auch in die zoologische Sammlung des Forschungsmuseum Alexander Koenig gelangte. Das Präparat misst 3,67 m in der Länge und 31 cm Umfang am Rumpf. Viele Schuppen sind deutlich übereinander geschoben, stehen deshalb unnatürlich ab, sodass der echte Umfang um 4 cm größer gewesen sein dürfte und auch in der Länge 8 bis 12 cm mehr anzunehmen sind. Wie viele andere Präparate dieser Art wirkt die Schlange unnatürlich, sowohl in den Körperproportionen als auch in der Körperhaltung.
Im Senckenberg-Museum in Frankfurt/Main ist seit vielen Jahren eine Anakonda ausgestellt, die gerade ein Wasserschwein verschlingt. Das an sich eindrucksvolle Ausstellungsstück kam 1927 nach Frankfurt und hat eine Länge von 5,40 m. Es leidet stark unter der völlig unnatürlichen Kopfgestaltung und der starken Dehnung der zweiten Körperhälfte.

IM AUGSBURGER Naturmuseum ist ein 3,8 m langer Netzpython zu sehen, der von der Körperhaltung und der Präparation der Haut sehr genau dem Original entspricht. Leider wurde die Rückenlinie zu stark gekielt, sodass der Körperquerschnitt über 2/3 der Rumpflänge einer Dreiecksform, wie bei einigen Giftnattern, entspricht.
Im Naturkundemuseum von Chicago wurde bereits in den 20er-Jahren ein spezielles Verfahren zur plastischen Nachbildung von Vollpräparaten entwickelt, mit dem eindrucksvolle Tiergestalten für den Ausstellungsbereich geschaffen wurden. Ein um Eier gewickelter Netzpython wirkt sehr natürlich, zeigt keine Dehnungsstreifen und hat eine Größe von schätzungsweise über 6 m.
Auch wenn in den Archiven mancher Museen noch Vollpräparate eingelagert sind, von denen

wir keine Kenntnis haben, kommen sie für die Suche nach den wirklich größten Exemplaren der 4 Riesenschlangenarten nicht in Betracht. Die wenigsten Präparate überschreiten nämlich die 5-m-Marke.

Messungen an Skeletten

Obwohl komplett erhaltene Skelette von Riesenschlangen selten sind, stellen sie dennoch einen unschätzbaren Wert für die Beurteilung von Realität und Fiktion dar. Anhand von 2 Pythonskeletten, die zu Schlangen gehören, deren Länge in lebendem Zustand bekannt war, konnten die Abstände von Wirbeln im Skelett-Präparat zufriedenstellend rekonstruiert werden. Eines der beiden Skelette ist in einer Vitrine des Museums für Mensch und Natur im Nymphenburger Schloss in München zu bewundern und zeigt einen sehr großen Tigerpython. Das zweite Skelett befindet sich im Senckenberg-Museum in Frankfurt/Main und stammt von einem Netzpython, der Anfang des 19. Jahrhunderts vom Hamburger Hagenbeck Zoo kam. Beide Skelette gehörten nicht zu Tieren, die rekordverdächtig waren, sondern knapp 6 m (Tigerpython) und 6,75 m (Netzpython) aufwiesen. Das Tigerpythonskelett war um 20 cm kürzer als das lebende Tier, das Netzpythonskelett um 25-28 cm kürzer als die Längenangabe aus dem Hagenbeck'schen Bestand. Dies bedeutet eine Schrumpfung der Skelette gegenüber den lebenden Tieren von 3-4 %. Im Museum für Naturkunde in Washington, DC befindet sich ein sehr großes vollständiges Skelett eines Netzpythons, das immerhin 6,95 m Länge aufweist und somit zu einem Tier von etwas über 7,20 m gehört haben muss.
In den weitaus häufigeren Fällen sind nur Schädelteile oder Wirbel vorhanden, manchmal auch komplette Schädel oder Wirbelsäulenabschnitte. Daraus lässt sich nur mit größerem Toleranzbereich die Größe eines lebenden Tieres ableiten. So wurde auch mit einigen ausgestorbenen Arten von Riesenschlangen verfahren, bei denen Längen von bis zu 15 m berechnet wurden.

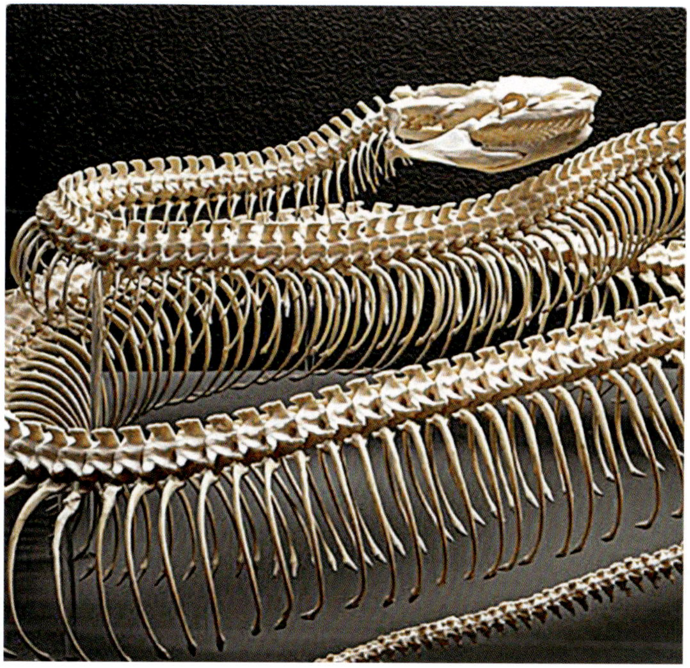

OBEN: **Dieses Skelett eines großen Netzpythons kann man sich im Naturhistorischen Museum in Basel ansehen. Es dürfte den Präparator viel Zeit gekostet haben, die vielen Rippen zu fixieren.**

Messungen von toten Schlangen

Seit dem 18. Jahrhundert ist die Messung von Schlangen kurz nach ihrem Tod mit Abstand die häufigste Methode. Will man die historischen Exemplare in irgendeiner Form bei der Vergabe des Titels »größte Schlange der Welt« berücksichtigen, dann sollten solche Tiere mit dieser Messtechnik vermessen worden sein. Eine Schlange kann noch mehrere Stunden nach ihrem Tod gerade ausgerichtet werden. Die Messung sollte aber der Genauigkeit halber mit flexiblem Maßband oder einer Messschnur ausgeführt werden. Wenn dann noch ein oder mehrere Zeugen anwesend sind, sollte eine solche Messung als seriös anerkannt werden. Leider sind aber bei den historischen Ergebnissen zahlreiche Zweifel mehr als angebracht und die Genauigkeit der Messung nicht mehr rekonstruierbar.

Lebendmessungen

Eindrucksvoll zeigt eine TV-Dokumentation, wie Steve Irwin, Zoodirektor und Tierfilmer, versucht, den kraftvollen Leib eines 5 m langen Netzpythons daran zu hindern, nach dem Umsetzen das Terrarium zu verlassen. Zentimeter für Zentimeter drückt der Python mit seinen kräftigen Muskelsträngen den gut trainierten Zoodirektor weg. Tatsächlich gelingt es dem Riesenreptil, mit seinem Hals und der vorderen Rumpfhälfte auf den umgebenden Rasen zu kommen. Dabei scheint die Riesenschlange nur neugierig, relativ entspannt und nicht aggressiv. Viele Jahre später wird in einer BBC-Dokumentation dasselbe Tier zu einer Operation getragen, denn es hat eine Verletzung am Hals. Mehrere Pfleger müssen mit anfassen, einer hält den großen Kopf, während Irwin die Transportmannschaft zum OP-Tisch dirigiert. Es muss alles sehr schnell gehen, denn es ist unsicher, wie lange die Narkose das Tier ruhig stellen wird. Jetzt kann der Netzpython auch vermessen werden: Er ist inzwischen 7 m lang, wiegt deutlich über 100 kg und zählt damit zu den größten Netzpythons in Gefangenschaft (siehe Kapitel 5).

MESSUNGEN AN LEBENDEN Schlangen setzen voraus, dass die Tiere unter Kontrolle gebracht werden können. Am günstigsten ist dies zu bewerkstelligen, wenn die Schlange unter Narkose steht. Narkosen sind aber bei Reptilien immer etwas problematisch, und kein Zoo würde eine Riesenschlange narkotisieren, nur damit sie gemessen wird. Allerdings bieten Gesundheitskontrollen, Operationen oder das Transportieren wenig zahmer, großer Schlangen immer eine gute Gelegenheit, die Tiere auch zu vermessen und zu wiegen. Gewicht und Wachstum geben ja auch einen Hinweis auf die Gesundheit der Schlange.

Im Fernsehen gezeigte Lebendmessungen führen deutlich vor Augen, wie viele Personen dazu notwendig sind. Geradezu spektakulär waren die Aufnahmen beim Vermessen des großen Netzpythons Samantha in New York, der von 10 Helfern zur Waage getragen wurde. Immerhin war dieser Python zu diesem Zeitpunkt 6,95 m lang und wog über 110 kg. Auch in einer US-amerikanischen Dokumentation über einen großen Netzpython in einem Privatzoo auf der indonesischen Insel Bali wurden 10 Helfer eingesetzt, um die Schlange mit der enormen Länge von ca. 7,6 m zu transportieren. Derartige Sendungen finden immer ein interessiertes Publikum.

UNTEN: **Auf der Rückseite dieser historischen Postkarte des New Yorker Zoos steht, dass die Zooangestellten den Netzpython vermessen, der mit 20 Fuß (= ca. 6,5 m) angegeben wird.**

OBEN: Auf der Suche nach einer angeblich 10 m langen Rekordanakonda in Ecuador wird ein Anakonda-Weibchen entdeckt. Es sitzt tief verborgen in dem hohlen Baumstamm einer umgestürzten Akazie (oben links). Vergeblich versuchen die Teilnehmer die Anakonda aus dem Baumstamm zu ziehen (oben rechts). Sie lässt sich auch durch lautes Hämmern an den Baumstamm nicht hervorlocken. Die Anakonda registrierte, dass die Expeditionsteilnehmer sich bis auf eine Wache entfernt hatten. Daraufhin begann sie sich im Schlamm des Wurzelwerkes einzugraben (unten links). Hier wurde sie mühsam von den Teilnehmern der Expedition ausgegraben (unten Mitte), wobei sie 45 Minuten mit dem Kopf unterhalb des Wasserspiegels war und nicht atmen konnte. Nachdem sich sowohl Schlange als auch Leute regeneriert hatten, wurde sie genauestens vermessen: ihre Länge beträgt exakt 4,76 m (Foto unten rechts). Zum Schutz vor Bissen wurde ihr ein Leinensack über die Kopf gezogen. Nach weiteren Untersuchungen wurde sie wieder freigelassen.

Fotografische Rastermethode

Es war bei einer TV-Dokumentation bei der Suche nach Nessie, dem »Ungeheuer von Loch Ness« und favorisierten Studienobjekt der Kryptozoologen, als ich den entscheidenden Tipp für mein fotografisches Rasterverfahren erhielt. Dort wurden Fotos gezeigt, die von »Nessie-Beobachtern« gemacht und deren Glaubwürdigkeit durch neuartige Auflösungs- und Messverfahren dargestellt wurden. So konnten »Spielzeug-Nessies« entlarvt und Vordergrund-Projektionen in das rechte Größenverhältnis zurechtgerückt werden. Eine fantastische neue Möglichkeit zur Ermittlung der Länge von Schlangen auf Bildern tat sich auf.

DIE FOTOGRAFISCHE Rastermethode beruht im Wesentlichen darauf, dass vom Auge verschieden weit entfernte Strecken wieder in ihre richtige Länge projiziert werden. Da der Fluchtpunkt mit zunehmender Entfernung unser Gehirn zwingt, dem anvisierten Gegenstand eine zur Umgebung proportionale Größe zuzuordnen, erscheint der im Hintergrund liegende Kopf einer Schlange bei Ausmessung des Fotos klein, der im Vordergrund befindliche Schwanz dagegen groß. Durch die Wahl des Rasters werden nun beide Ebenen, in denen sich Kopf bzw. Schwanz befinden, in denselben Maßstab gebracht. Sind durch bekannte Strecken die Maßstäbe der Rasterebenen bekannt, lassen sich die Teile der Schlange zusammensetzen. Treten zusätzlich gewinkelte Ebenen auf oder wurde das Foto mit besonderen Objektiven, z. B. extreme Weitwinkel, aufgenommen, ist ein komplexes Rechenschema zur Berechnung der gesuchten Strecken nötig.
Der einzige erhebliche Nachteil besteht darin, dass bei fehlenden Bezugsgrößen auf dem Foto dieses Verfahren nicht einsetzbar ist. Außerdem steigt bei dreidimensionaler Ausrichtung der Schlange, wenn sie also beispielsweise im Halbrund von 12 Personen gehalten wird, die Abweichung über die 10 %-Marke. Hier kann letztlich nur ein ungefährer Längenbereich gegeben, aber keine direkte Längenangabe gemacht werden.

VORAUSSETZUNGEN für das fotografische Rasterverfahren sind, dass die Schlange plan auf der Unterlage liegt, Kanten oder Gegenstände bekannter Länge mit fotografiert wurden, die ganze Schlange zu sehen ist bzw. sinnvoll ergänzt werden kann und das Bild bei einer Vergrößerung nicht zu unscharf wird.
Zunächst wurde dieses Verfahren an Schlangen bekannter Länge getestet, alle Tiere maßen zwischen 2,5 m und 5,5 m Länge. Bei keiner der Messungen war die Abweichung über 5 %, die Hälfte der Messungen waren sogar genauer als 3 % Abweichung.
Dann wurde das Verfahren auf historische Tiere mit einigermaßen gesicherten Längenangaben ausgedehnt. Dabei konnten die meisten Angaben bestätigt werden, oder zumindest blieb die Abweichung innerhalb eines 10 %-Rahmens. Ein afrikanischer Felsenpython aus einer rätselhaften Aufnahme war tatsächlich nach den Berechnungen immerhin 7,4 m lang. Von 2 Fotos mit Netzpythons, aufgenommen zwischen 1907 und 1912, wurden Längen von immerhin 8,5 m und 7 m Länge bestätigt. Als Nächstes wurde mit dem neuen Messverfahren die Länge vieler großer Riesenschlangen auf Fotos berechnet. Dabei ergaben sich auch bei einigen Tigerpythons, deren Fotos aus dem Internet stammen, Längen von 5-6 m. 3 Große Anakondas, die mindestens 8 m lang sein sollten, konnten indes auf reale Maße reduziert werden: Sie sind 5,60, 5,75 und 5,80 m lang. 1980 wurde in der internationalen Presse ein Bild eines riesigen Netzpythons veröffentlicht, der angeblich eine Länge von 12,2 m, bei 220 kg

Gewicht, besaß. Dieses Tier wurde in den Habu-Schlangenpark auf einer der Riukiu-Inseln Japans gebracht und dort für Besucher ausgestellt. Schon damals glaubte ich nicht so recht an die angegebenen Daten. Meine Schätzung lag bei 8-9 m Länge. 2003 berechnete ich mit der Rastermethode die Länge und konnte nun ein exaktes Ergebnis vorlegen: 8,3-8,4 m. Damit gehört diese Schlange zwar zu den ganz langen Exemplaren ihrer Art, keineswegs ist sie aber weltrekordverdächtig.

OBEN: **Mit der fotografischen Rastermethode können die Längen von Riesenschlangen auf Bildern (hier eine Anakonda) ziemlich genau ermittelt und viele falsche Angaben entlarvt werden.**

*

NATÜRLICH GIBT ES auch Fälle, bei der diese Methode nicht sinnvoll anzuwenden ist: Nach der bolivianischen Zeitung »El Mundo« aus Santa Cruz de la Sierra (20. März 2003) war eine dort abgebildete Anakonda 12-14 m lang. Natürlich war uns sofort klar, dass diese Angaben in das Reich der Fabeln gehört. Dennoch konnte aus dem Bild keine einigermaßen passende Länge ermittelt werden. Der Grund liegt einerseits in der Perspektive, da das Tier von vorne fotografiert wurde. Andererseits ist die hintere Hälfte der Schlange nicht zu sehen, weil ein Kleinkind auf die getötete Schlange gesetzt wurde. Mit eigenen Erfahrungswerten kann dieses Einzeltier auf etwa 6 m geschätzt werden.

*

IN EINEM ZOO auf der indonesischen Insel Java wurde dem Publikum ein angeblich 14,85 m langer Netzpython gezeigt, der demnach alle bisherigen Rekorde in den Schatten stellte. Neben dieser sagenhaften Länge sollte die Schlange einen Durchmesser von 85 cm, 447 kg Körpergewicht und ein Alter von 145 Jahren erreicht haben. Nach den Angaben auf einem Schild neben dem Käfig sollen pro Woche zudem 10 Hasen gefressen worden sein. Allen Schlangenexperten war sofort klar, dass dies nicht stimmen konnte. Meinen Berechnungen nach hatte dieser Python, unter Einsatz von neuem Bildmaterial aus Indonesien, welches Mark Auliya besorgte, eine Länge von knapp 8 m.
Bei einer nicht genehmigten Aktion konnten 2 TV-Moderatoren während der Abwesenheit des Pflegers endlich das Rätsel um dieses angebliche Rekordtier lösen. Sie vermaßen den Python und ermittelten eine Länge von nur 6,35 m. Der Python stellte sich also als eine der größten Übertreibungen der jüngeren Presse dar. Er war immerhin 8,5 m kürzer als vom Besitzer angegeben. Außerdem wurde geschrieben, dass es sich um ein Männchen handele. Dabei ist es längst kein Geheimnis mehr, dass die Männchen der großen Riesenschlangen viel kleiner bleiben als die Weibchen.

Kapitel 4

Rekordschlangen und ihr Wachstum – ohne besondere Gene geht's nicht

LINKS: Das Wachstum der einzelnen Riesenschlangen hängt von vielen Faktoren ab. Erst eine günstige Konstellation dieser Faktoren lässt einzelne Individuen besonders groß werden. Dieses Bild stammt aus der Zucht; in der Natur sind junge Anakondas direkt nach der Geburt auf sich selbst gestellt.

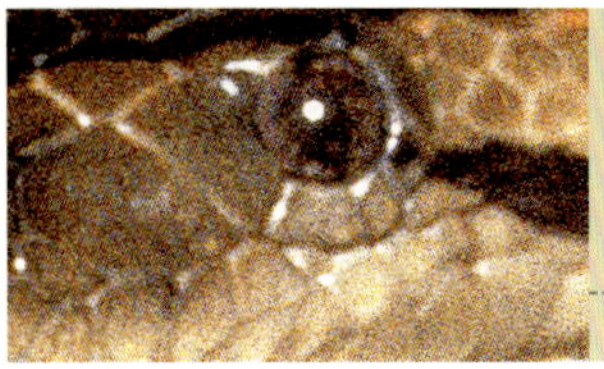

Wachstumsfaktoren

von Henry Bellosa

1. DIE GENE: Als Länge eines Wirbeltieres gilt die Strecke, die bei der Nasenspitze oder dem Scheitel beginnt und bei dem Ende des Rumpfes oder der Schwanzspitze endet. Dies gilt bei einer Schlange genauso wie beispielsweise bei einer Antilope. Doch gibt es beim näheren Betrachten des Wachstums zwischen Reptil und Säugetier einen wesentlichen Unterschied: Antilopen hören mit dem Eintritt ins Erwachsenenalter auf zu wachsen, während Riesenschlangen bis ins hohe Alter weiterwachsen können. Misst man bei einer Antilopenart alle geschlechtsreifen Tiere einer Population, so ergibt sich eine Längenverteilung in Form einer Glockenkurve. Ausgewachsen erreichen die meisten Individuen eine mittlere Größe, einige werden etwas größer und einige bleiben etwas kleiner, sehr wenige werden deutlich größer und ebenfalls sehr wenige bleiben erheblich kleiner.

Verantwortlich dafür sind die unterschiedlichen innerartlichen Gene der Individuen innerhalb einer Population. Bei Riesenschlangen ergibt sich ebenfalls eine Glockenkurve bezüglich der Längenverteilung geschlechtsreifer Individuen. Der Unterschied zu den Säugetieren besteht darin, dass hier 2 Kurven vorhanden sind: eine real gemessene und eine hypothetische. Anders ausgedrückt: Schlangen lassen sich nur in wenigen Fällen im gleichen Stadium der Endgröße vermessen. Dazu ein Beispiel: Ein 5 m langer Dunkler Tigerpython ist gerade mal 9 Jahre alt und stirbt nun eines unnatürlichen Todes; ein 4,5 m langer Dunkler Tigerpython dagegen ist bereits 23 Jahre alt und stirbt aus Altersgründen. In einer statistischen Längenverteilung sind beide fast gleich lang, obwohl der Erste ein genetisches Potenzial von 6,5 m Länge gehabt hätte, der Zweite unter optimalen Bedingungen eines von 4,5 m Länge. In die hypothetische Glockenkurve wären beide dann derart einzutragen gewesen, dass die vorzeitig verstorbene Schlange zu überdurchschnittlicher Länge, die Zweite dagegen nur zu einer mittleren Länge gewachsen wäre.

*

REKORDSCHLANGEN sind also Exemplare, die über eine außergewöhnliche Genetik und ein durch glückliche Umstände erreichtes hohes Alter verfügen. Anders herum gesagt: Von einer Längenverteilung einer Schlangenart müssten alle diejenigen Exemplare gestrichen werden, die vorzeitig gestorben sind. Bezögen wir diesen Sachverhalt auf die »Big Four«, dann müssten alle Exemplare, die vor dem 20. Lebensjahr verendeten, gestrichen werden, denn bis ungefähr in dieses Alter legen Riesenschlangen noch deutlich an Länge zu. Danach wachsen sie pro Jahr nur noch sehr langsam in die Länge. Lediglich die Große Anakonda kann über das Alter von 20 Jahren hinaus noch einen markanten Zuwachs erfahren. Das Alter spielt folglich eine erhebliche Rolle, wenn es darum geht, vorherzusagen, wie groß ein Exemplar noch werden wird bzw. über welche genetische Potenz es verfügt.

Das Alter ist in der Tierhaltung und Zucht meistens bekannt. Hier stellt sich die Frage, ob es möglich ist, auch das Alter von im Freiland gefangenen Pythons oder Anakondas zu bestimmen. Ein sicheres Indiz für das ungefähre Alter ist die Kopfgröße. Während der Rumpf in seinem Wachstum von einer

OBEN: **Die Verfügbarkeit von genügend Beutetieren spielt beim Wachstum eine große Rolle und ist eher in Gefangenschaft gewährleistet. Hier hat eine Paraguay-Anakonda *(Eunectes notaeus)* einen Bronzekiebitz *(Vanellus chilensis)* erbeutet.**

Reihe von Faktoren beeinflusst wird, hängt das Kopfwachstum in erster Linie vom Alter ab. Eigene Messungen, die Messungen befreundeter Züchter und Halter sowie Statistiken von Freilandtieren zeigen, dass junge Pythons einen Kopf-Rumpf-Längenfaktor zwischen 1:24 und 1:28 haben, alte Tiere dagegen einen zwischen 1:35 und 1:41.

*

2. FUTTERAUFNAHME: Hier zunächst eine wichtige Richtigstellung: Niemand kann eine beliebige Schlangenart durch extreme Fütterung zum Rekord hochmästen! Und das ist gut so, weil wir Menschen dazu neigen, was machbar scheint, auch zu versuchen.
Natürlich spielt die Futteraufnahme eine große Rolle: Die groß werdenden Arten können enorme Futtermengen bewältigen und damit auch extreme Proteingaben in kürzester Zeit aufnehmen. Damit ist die Voraussetzung für den Aufbau großer Körpermasse gegeben. Andererseits werden lange Fastenperioden, freiwillig oder gezwungenermaßen, eingelegt, sodass auch die Futtermasse, auf das Jahr verteilt, eher bescheiden ist. In Gefangenschaft sind erstaunliche Fastenperioden einzelner Schlangen dokumentiert worden. Eine Anakonda und ein Felsenpython haben 36 Monate keine Nahrung aufgenommen. Vom Tigerpython sind 30 Monate und vom Netzpython immerhin 23 Monate bekannt. Den Rekord hält aber eine Madagaskar-Boa mit 49 Monaten.

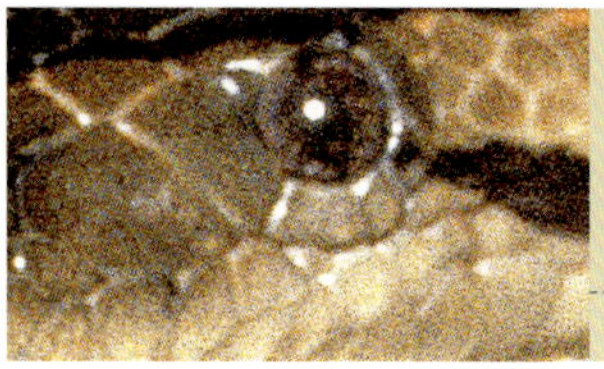

TERRARIENTIERE zeigen bei gleicher Futteraufnahme allerdings unterschiedliche Wachstumskurven, und exakte Messungen an verschiedenen Schlangenarten untermauern dies. Beispielsweise habe ich an 4 Geschwistern der Paraguay-Regenbogenboa *(Epicrates cenchria crassus)* aus einem Wurf, die Mitte September 60–65 g wogen, bis Mitte Dezember die gleiche Anzahl Mäuse der gleichen Größe verfüttert, und trotzdem wogen sie zum letzteren Zeitpunkt zwischen 85 und 140 g. Auch unabhängig vom Geschlecht wachsen schwere und weniger schwere Individuen heran. Das Wachstumsprogramm wird demnach genetisch gesteuert. Oft zeigt sich das Wachstumspotenzial eines Netz- oder Tigerpythons schon nach 2–3 Jahren, genauso oft kann allerdings auch eine rasche Abflachung der Wachstumskurve mit 8 bis 12 Jahren beobachtet werden. Längst nicht alle Exemplare der »Big Four« besitzen die genetische Ausstattung zum Rekordtier, viele erreichen nur eine mittlere Größe.

*

3. DIE HERKUNFT: Die beiden bisher genannten Faktoren, Futtermasse und Gene, sind sicherlich die am stärksten wirkenden – dennoch sind sie alleine noch längst nicht ausreichend für die Erklärung oder auch die Suche nach einem Wachstumsrekord.
Je größer eine Population ist, desto größer ist die Wahrscheinlichkeit, dass ein Exemplar mit »günstigen Genen« für eine Rekordlänge dabei ist. Zusätzlich unterscheiden sich auch geografisch isolierte Populationen einer Art, denn nicht alle bringen genetisch die Voraussetzung für ein überdimensionales Wachstum mit.

*

4. RÜCKZUGSMÖGLICHKEIT: Es kann für die Schlange wichtig sein, nach dem Fraß einer großen Beute zur Verdauung einen geeigneten Platz zu finden, damit das komplizierte Zusammenspiel von enzymatischen Vorgängen, Gasbildung und Säureabwehr der Bakterien sowie die Resorption durch die Darmwand ungestört ablaufen kann. Da die enzymatische Aufspaltung der Eiweißanteile des Beutetieres kombiniert mit den Gasbildungen und Verflüssigungen im Magen-Darm-Trakt eine Folge von Einzelschritten ist, braucht die Riesenschlange nach großer Beute teilweise mehrere Wochen bis zur Kotabgabe. Wird sie während dieser Phase kontinuierlich gestört, kann es zum Auswürgen des Beutetieres kommen, zu Krämpfen, zur verfrühten Kotabgabe und zur unvollständigen Aufnahme der Nahrungsbausteine.

*

5. PARASITEN: Vermutlich weisen alle wild lebenden Riesenschlangen Parasitenbefall auf. Anakonda-Wildfänge aus Französisch-Guayana beispielsweise sind für ihren Würmerbefall bekannt, ebenso zeigen Netzpython-Wildfänge von indonesischen Inseln sehr häufig Amöbenbefall. Besteht eine Balance zwischen den Parasiten und dem Immunsystem der Schlange, stellen sie keine Beeinträchtigung für das Wachstum dar.

UNTEN: **Ein Tigerpython frisst eine Ratte in Gefangenschaft. Wenn die Futtertiere regelmäßig gewogen werden, lässt sich später feststellen, wie viel Prozent des Gewichtes in Körpermasse umgesetzt wurde.**

OBEN: **Diese uralte, riesige Akazie mit ihren vielen Höhlen mag einen Eindruck verschaffen, dass es alles andere als einfach ist, die Große Anakonda in diesem Lebensraum zu finden.**

Ungünstige Bedingungen können aber zu einer Schwächung der Schlange durch mangelnde Parasitenabwehr führen und somit auch zu einem verminderten Wachstum.

*

6. ENERGIEAUFWAND: Oft wird unterschätzt, dass die Riesenschlange je nach Situation einen nicht unerheblichen Energieaufwand für ihre Nahrungs- und Flüssigkeitsversorgung betreiben muss. Diese Energie steht dann nicht mehr für den Aufbau weiterer Körpermasse zur Verfügung. Bei Terrarientieren können Schlangen auch im 7. Lebensjahr noch 20-25 % der zugeführten Nahrungsmasse in Körpermasse umsetzen. Aber in freier Wildbahn mögen es nur 10-15 % sein, da mehr Energie für Bewegung und Aktivität benötigt wird als für das Wachstum. Bei der Auflistung der Rekordschlangen wird sich zeigen, dass Tiere im Terrarium aus genau diesem Grund durchaus als Kandidaten für den Längenrekord in Frage kommen.

*

7. VERLETZUNGEN UND UNFÄLLE: Bei vielen Großen Anakondas sieht man riesige Narben, die meistens beim Kampf mit einem wehrhaften Beutetier wie Wasserschwein oder Kaiman entstanden sein dürften. Gleiches gilt natürlich auch für die Pythons, die regelmäßig Fledermäuse erbeuten und von diesen spitz bezahnten Säugern

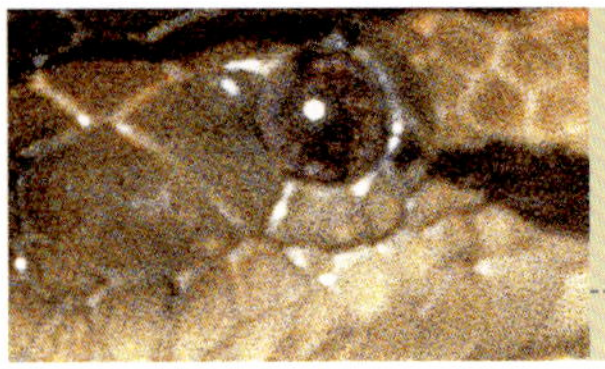

OBEN: **Dieser Südliche Felsenpython hat sich mit seinen Zähnen in einem Zaun verfangen. Bemerkenswert sind die paarigen Zahnreihen im Oberkiefer, die bei allen Riesenschlangen vorhanden sind.**

oft in der Schnauzenregion Narben aufweisen. Gerade Anakondas mit ihrer Lebensweise im Wasser müssen über eine extrem gute Bakterienabwehr verfügen. Das Auskurieren derartiger Verletzungen verbraucht einerseits wiederum Energie und kann andererseits zu einer Schwächung führen, wenn keine vollständige Genesung mehr möglich ist. Bei Untersuchungen von Anakondas aus der Natur fiel zudem auf, dass gelegentlich die Schwanzspitze fehlt, wofür vermutlich in erster Linie Piranhas verantwortlich sind.

Auch Unfälle können die Riesenschlangen am ungehinderten Wachstum sowohl in der Natur als auch in der Terrarienhaltung behindern. Der Schlangentrainer und -experte Jules Sylvester zeigte in einer Dokumentation einen Felsenpython, der sich in einer Eisenschlinge verfangen hatte. Diese war bereits tief ins Fleisch eingedrungen, und wahrscheinlich wäre das Tier seinen Verletzungen erlegen. In einem anderen Fall geriet ein 4 m langer Felsenpython in die Maschen eines Elektrozaunes, biss hinein und wurde später mit noch offenem Maul tot aufgefunden. Sein dick aufgeblähter Leib enthielt eine Antilope. Auch in der Terrarienhaltung kommt es immer wieder zu Unfällen wie Abschürfungen, Verbrennungen oder Quetschungen, die das Wachstumspotenzial verringern können.

*

FAZIT: Eine Riesenschlange der 4 größten Arten kann nur dann eine Rekordlänge erreichen, wenn alle Wachstumsfaktoren günstig zusammenwirken und das Tier ein Alter von mindestens 20 Jahren erreicht.

Stoffwechsel als begrenzender Faktor

Wieso kann ein Netzpython oder eine Anakonda, die beiden heißesten Anwärter auf den Thron der »Größten Schlange der Welt«, nicht auf 12 oder gar 15 m Länge heranwachsen? Selbst wenn alle Faktoren und das Alter gegeben wären, spielt der Stoffwechsel der Riesenschlange nicht mit. Die Leistungsfähigkeit des Verdauungsapparates der großen Riesenschlangen ist zwar enorm, stößt aber ab einer bestimmten Länge an unüberwindliche Grenzen. Dazu ein einfaches Zahlenbeispiel, das sich durch eine Messreihe untermauern lässt: Angenommen ein Netzpythonbaby mit 200 g Gewicht sei mit 80 cm Länge geschlüpft und wäre in seiner Jugend- und Erwachsenenphase nie Kleinraubtieren, Greifvögeln, Krokodilen und sonstigen Beutegreifern begegnet. Außerdem gab es nie ein Nahrungsdefizit (Beutetiere waren immer ausreichend vorhanden), und ideale Rückzugsmöglichkeiten für den Verdauungsprozess waren stets in der Nähe. Aufgrund idealer Bedingungen vertilgt dieser Python im 1. Lebensjahr also 8 kg Futtermasse. Falls er davon 60 % in Körpermasse umsetzt – der Wert ist ein häufig gemessener bei jungen Pythons –, nimmt er um 4,8 kg zu und wiegt am Ende des 1. Lebensjahres 5 kg. Dies entspricht bei entsprechendem Umfang einer Länge von 2,3 m. Der Jahreszuwachs von in diesem Fall 150 cm ist enorm, wurde aber schon mehrfach deutlich übertroffen: Junge Netz- und Tigerpythons, ebenso Felsenpythons, können im 1. Jahr bereits auf 3 m Länge herangewachsen sein. Nun kommt das 2. Lebensjahr: Die Beutetiere können größer sein, beispielsweise Hühner, große Wasservögel und mittelgroße Nagetiere. Um noch einmal 1,5 m zu wachsen und dann ein Körpergewicht von 20 kg zu erreichen, müsste dieser Python 33 kg Futtermasse aufnehmen. Dieses 4-fach höhere Futtergewicht ist deshalb nötig, da die Umsatzrate ständig sinkt, von 60 % im 1. auf beispielsweise 45 % im 2. Jahr. Im 3. Jahr würde sie bei 38 % liegen, und damit wäre eine Futtermasse von 100 kg nötig, um einen ähnlichen Längenzuwachs zu erreichen wie in den beiden ersten Jahren. Hier wird bereits ersichtlich, dass dies physiologisch nicht möglich ist.

*

DA DIE UMSATZRATEN von Jahr zu Jahr weiter absinken, findet man deshalb ein sich verlangsamendes Wachstum bei allen untersuchten Fällen. Nach dem 10. Lebensjahr liegt die Umsatzrate bereits unter 15 %. Außerdem geht die neu gewonnene Masse der Schlange hauptsächlich in den Umfang, aber nur sehr gering in die Länge. Eine Riesenschlange, egal welcher Art, die 3 Jahre nacheinander um jeweils 1,5 m wächst, kann es nicht geben und hat es nie gegeben. Von einem Rekordwachstum wurde Folgendes berichtet: Ein Netzpython wuchs auf 4,77 m in 4 Jahren. Der Netzpython eines befreundeten Halters erreichte nach 3,5 Jahren 4,7 m Länge, und auch eine meiner Tigerpythons überschritt die 4-m-Marke bereits nach 4 Jahren. Dennoch verlangsamte sich das Wachstum dieser Ausnahmeexemplare danach deutlich. Zuwachsraten von über 1 m pro Jahr sind nur in den ersten 3 Lebensjahren möglich. Mit dem Erreichen der Geschlechtsreife (2 Jahre alte männliche Netzpythons können schon geschlechtsreif sein) kommt ein weiterer wachstumshemmender Faktor hinzu: Die geschlechtsreifen männlichen Tiere legen in der Paarungsphase längere Fastenperioden ein und die weiblichen Tiere während der Trächtigkeit ebenfalls. Ob nun ein Netzpython in den Abwasserkanälen Singapurs 40 kg Ratten frisst oder eine

UNTEN: **Der Unterschied zwischen Männchen und Weibchen der Großen Anakonda, links bei der Paarung, ist womöglich der größte bei Landwirbeltieren überhaupt. Anakondas bringen ihre Jungen, im Gegensatz zu den eierlegenden Pythons, direkt zur Welt (rechts).**

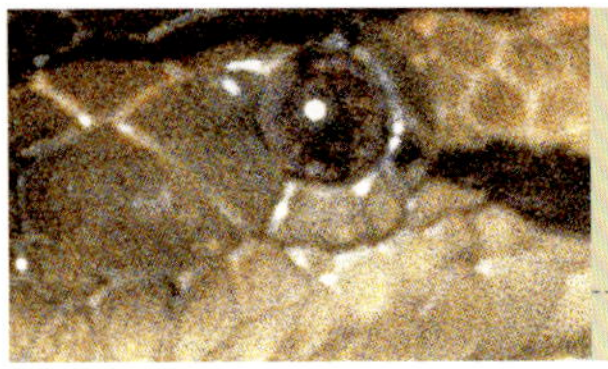

OBEN: **Wasserschweine sind die größten Nagetiere weltweit und eine typische Beute der Anakondas. Viele Anakondas haben Narben durch die großen Zähne dieser Nager.**

Anakonda in den Llanos Venezuelas sich ein 40 kg-Wasserschwein schnappt – Tatsache ist, dass davon in etwa 60 Tagen bei einem 5-m-Tier zwischen 3–5 kg der Beute in Körpermasse umgewandelt wird. Rechnet man dies auf ein Jahr hoch, wird die Riesenschlange in diesem Jahr um ca. 30 cm wachsen. Eine Schlange von 8 m Länge müsste die unwahrscheinliche Menge von 200 kg Nahrung zu sich nehmen, um in einem Jahr 30 cm zu wachsen. Die wenigen verlässlichen Zahlen, die es über das Wachstum wirklich großer Schlangen gibt, zeigen, dass Exemplare über 8 m Länge höchstens 15 cm pro Jahr wachsen. Um damit 12 m Länge zu erreichen, bräuchte ein Python, der selbst bereits mindestens 20 Jahre alt ist, dann weitere 26 Jahre!

*

ÜBER DAS HÖCHSTALTER der großen Riesenschlangenarten in der Natur wissen wir sehr wenig. Tiere in Gefangenschaft zeigen aber, dass ein Alter jenseits der Grenze von 40 Jahren eher unwahrscheinlich ist. Auch dafür sind Stoffwechselgründe verantwortlich. Ein konkreter Fall soll dies verdeutlichen: 1978 kam ein Dunkler Tigerpython zur Welt, der sein gesamtes Leben im Ulmer Aquarium verbrachte und im Herbst 2006 noch am Leben war. Das Tier wuchs rasch und erreichte 1998 eine mittlere Größe von etwa 5 m Länge. In einem Jahr fraß der weibliche Tigerpython alle 14 Tage 2–3 große Hasen, etwa 80 kg Futtermasse pro Jahr. Sein Körpergewicht lag 1998 bei schätzungsweise 80–90 kg, aufgrund des Umfangs und der Länge lässt sich dies berechnen. Seither baute das Tier kontinuierlich ab: Abszesse wurden operativ entfernt, die Körpermasse sank auf 58 kg. Bei 4–5-wöchigem Fütterungsrhythmus nimmt der Python inzwischen nur noch kleinere Futtertiere auf, ist im hinteren Rumpfteil relativ steif und hat von seiner ursprünglichen Kraft kaum etwas übrig behalten. Nun 28-jährig, neigt sich bei ihm die Lebensspanne dem Ende entgegen.

Eine sehr große, alte Riesenschlange braucht über 90 % der Futtermasse zur Deckung des Betriebsstoffwechsels, und dieser Energiebedarf ist enorm. Gleichzeitig ist ihre Beweglichkeit nicht mehr sehr hoch, und kleine Futtertiere kann sie nicht mehr erwürgen. Entweder sie schlingt sie lebendig hinunter, falls der »Beutegreifbiss« günstig war, oder sie geht leer aus. Um den eigenen Stoffwechsel dennoch aufrechtzuerhalten, bauen alte Riesenschlangen Körpermasse ab und verhungern letztlich.

*

WENN MAN BEDENKT, dass andere Reptilien wie z. B. einige Schildkröten über 100 Jahre alt werden können, ist das relativ geringe Alter dieser großen Schlangen eher überraschend. Das höchste jemals belegte Alter einer Großen Anakonda war ein uraltes Männchen, welches 2004 bei einem Züchter in München mit 33 Jahren verstarb –

Weltrekord! Präzise Daten aus der Natur zu bekommen ist praktisch unmöglich, auch wenn die Größe des Kopfes im Verhältnis zum Körper ja einen Hinweis auf das ungefähre Alter der einzelnen Riesenschlangen zeigt. Selbst bei einer groß angelegten Feldstudie zur Lebensweise der Großen Anakonda in den Überschwemmungssavannen von Venezuela, die über mehrere Jahre lief, konnten keine Hinweise auf ein höheres Alter der Anakondas in freier Wildbahn gefunden werden. Die älteste Anakonda des Projektes, die einen Peilsender trug, wurde auf etwas über 20 Jahre geschätzt. Generell vermutet man als Höchstalter in der Natur ca. 30 Jahre. Ähnliches gilt für die großen Pythonarten: Zoodaten weisen auf 30, maximal 40 Jahre Höchstalter hin.

Wachstumsvergleiche der »Big Four«

von Henry Bellosa

ALLE 4 RIESENSCHLANGENARTEN, die Gegenstand dieses Buches sind, zeigen ein außerordentliches Wachstum in den ersten Lebensjahren. Dabei kommt den Neugeborenen der Anakonda und den Schlüpflingen des Netzpythons ihre erstaunliche Anfangsgröße zugute, die beim Netzpython bis 80 cm und bei der Anakonda sogar über 1 m betragen kann. Beide Arten sind dann bereits in der Lage, Beutetiere von 50-100 g Gewicht zu bewältigen. Typische Nahrung der ganz jungen Schlangen sind Nagetiere und Vögel, bei der Anakonda auch Fische und Reptilien. Die Schlüpflinge des Tiger- und des Felsenpythons sind deutlich kleiner, etwa 50-70 cm lang, und dementsprechend auf Beutetiere in Mäusegröße angewiesen.

*

NACH 3 JAHREN sind die 4 Arten folgendermaßen gewachsen: Die jungen Netzpythons sind noch extrem schlank und bereits 3,5 m lang; der Anakonda-Nachwuchs ist auf 2,5 m herangewachsen und deutlich kräftiger; noch dicker ist der Tigerpython mit 3 Jahren, dabei etwa 2,7 m lang, und der Felsenpython bleibt bei etwa 2,4 m Länge noch sehr schlank. Trotz der enormen Anfangsgröße ist die Anakonda nach 3 Jahren nicht so lang wie der Netz- und der Tigerpython, da sie eher eine lineare Wachstumskurve zeigt. Nimmt bei den *Python*-Arten die Wachstumskurve immer mehr ab, um dann mit 15 Jahren in ein geringes Alterswachstum überzugehen, so kann bei der Anakonda ein Wachstum mit konstanten Zuwachsraten bis ins hohe Alter hinein beobachtet werden. Eine Anakonda mit 20 Jahren kann durchaus 30 cm pro Jahr wachsen, ein gleichaltriger Tigerpython kaum mehr als 15 cm. Die enorme Endlänge des Netzpythons resultiert ebenfalls aus einem beachtlichen Alterswachstum. Dieses liegt zwischen dem des Tigerpythons und dem der Anakonda.
Fazit: Alle 3 Pythonarten zeigen ein zunächst schnelles Wachstum in der Jugendphase, das im Alter beim Tiger- und Felsenpython zunehmend abflacht, weniger beim Netzpython. Die Anakonda holt Wachstumsdefizite ab dem 15. Lebensjahr auf und kann dank dieses »Endspurts« in der Endgröße mit dem Netzpython am ehesten konkurrieren.

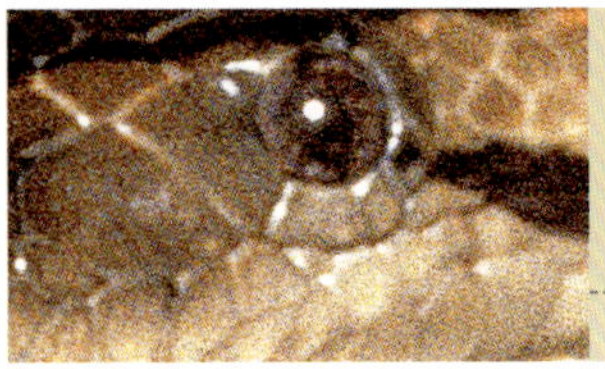

VERFOLGT MAN diese Wachstumskurven bis zur hypothetischen Endgröße der 4 Arten, so ergibt sich folgendes Bild: Der Netzpython erreicht den höchsten Wert im Längenwachstum. Weibchen von 20 Jahren und mehr weisen eine Länge von 5-7 m auf. Davon abweichend können Ausnahmeexemplare durchaus die 8-m-Marke überschreiten, was nach unserer Kenntnislage bisher eine gute Hand voll Tiere getan haben. Diese Riesenexemplare waren zunächst wild aufgewachsen, kamen dann aber in Menschenhand und verbrachten die zweite Lebenshälfte in Zoologischen Gärten oder Reptilienparks.
Den zweithöchsten Wert in dieser Kategorie erreicht die Große Anakonda. Ältere Weibchen sind zwischen 4,5-6 m lang, bei sehr günstigen Bedingungen kann auch hier ein deutlich höherer Wert von etwa 7 m Länge überschritten werden. Damit nähert sie sich den Werten des Netzpythons, und wegen ihres massiven Körperbaus ist sie die eindrucksvollste der großen Riesenschlangen. Der Dunkle Tigerpython und der Nördliche Felsenpython bleiben deutlich kleiner und kommen nach Einschätzung der Autoren nicht für den Längenrekord in Frage. Bei beiden Arten erreichen die Weibchen eine Länge zwischen 4 und 5,5 m, Ausnahmeexemplare können beim Tigerpython die 6,5-m-Marke überschreiten, beim Felsenpython eventuell sogar die 7-m-Grenze erreichen. Bei Letzterem gab es womöglich in den 1950er-Jahren noch stattlichere Exemplare; einen echten Beleg für ganz große Tiere konnten wir indes nicht finden.

UNTEN: **Nach dem Mahl einer großen Beute sind die Schuppenreihen dieses 6m langen Netzpythons weit voneinander entfernt. Die Dehnbarkeit der Schlangenhaut ist überaus bemerkenswert.**

Fallbeispiele für das Wachstum von 3 Riesenschlangen

Wie schnell die großen Pythonarten tatsächlich wachsen können, lässt sich an den folgenden 3 Beispielen gut demonstrieren:

*

1. COLOSSUS: Dieser weibliche Netzpython wurde um 1940 oder etwas früher (je nach Autor) entweder in Malaysia, Thailand oder auf einer indonesischen Insel geboren. Sein Wachstumsverlauf lässt sich aus den Daten von 1949 bis 1963, die auf echten Messungen und Wägungen basieren, einigermaßen rekonstruieren. Sein Anfangswachstum muss enorm gewesen sein, und er dürfte die 4,5-m-Marke um 1945 erreicht haben. Auch danach wuchs er kräftig weiter und erreichte eine Länge von 6,7 m bei seiner Gefangennahme 1949. Von Singapur aus wurde er in die USA verschifft und dort im Parkland Zoo von Pittsburgh untergebracht. Zwischen seinem 10. und 15.Lebensjahr betrug das jährliche Wachstum 25 cm, zwischen dem 15. und 20. Lebensjahr noch 11 cm. Mit 8,7 m Länge wurde das höchste Gewicht von 145 kg gewogen, anschließend nahm »Colossus« aus bereits dargelegten Gründen ab.

2 Unfälle im Terrarium ereigneten sich Anfang der 1960er-Jahre, sodass eine Wirbelsäulenverkrümmung den Alterungsprozess beschleunigte. 1963 verstarb das Tier im Alter von 23 Jahren (oder 2-4 Jahre älter, je nach Geburtsjahr).
Auch über diese Schlange kursieren viele Gerüchte, und die Größenangaben werden oft deutlich übertrieben: So gab Merel J. Cox an, dass sie knapp 10 m lang gewesen sei, und erst ein Briefkontakt mit John C. Murphy stellte die Tatsachen wieder richtig.
Hierzu sei noch ein Kommentar eingefügt: Das angegebene Gewicht von 145 kg bei 8,7 m Länge passt nur zu einem Tier von 65-68 cm Umfang. Laut Bildunterschriften zu Colossus maß dieser nach dem Herpetologen Clifford Pope aber 94 cm Umfang, was kaum zu einem Netzpython passt. Bei einem vernünftigen Umfangswert - der auch dem optischen Eindruck aus den Bildern entspricht - von etwa 75-80 cm wäre das Gewicht zwischen 160-180 kg anzusiedeln. Dieser Wert würde zu den Gewichten der anderen Ausnahmeexemplare von etwa 8 m Länge passen. Womöglich wurde der Umfang an der dicksten Stelle nach der Aufnahme einer Beute gemessen.

*

2. BEATRICE: Diesen weiblichen Dunklen Tigerpython, der Ende Juni 1996 in Italien geboren wurde, konnte ich im September 1996 erwerben. Sein Wachstum war phänomenal. Am 11. September 1996 wog der Python 130 g bei 67 cm Länge; Ende Juni 1997 erreichte er 1,54 m mit 2,6 kg Gewicht und Ende Juni 1998, im Alter von 2 Jahren also, 2,75 m und 13,6 kg Gewicht. Im Jahr darauf war Beatrice 3,56 m lang und wog 27,4 kg; im Juni 2000 schließlich 40,5 kg bei 4,01 m Länge. Ab hier verlangsamte sich das Längenwachstum, an Umfang nahm die Schlange aber weiterhin zu. An Weihnachten 2001 wog sie 54,5 kg bei 4,5 m Länge, im November 2003 überschritt sie die 5-m-Marke bei 69 kg Gewicht. Zu diesem Zeitpunkt wurde sie für die private Haltung zu groß und wurde im März 2004 abgegeben und der Öffentlichkeit zugänglich gemacht. Sie war nun 5,4 m lang und wog 96 kg. Leider verstarb Beatrice im April 2006 an einem großen Gehirntumor, der in seiner Entwicklung nicht zu erkennen gewesen war. Aus ihrer Haut, die fachmännisch gegerbt wurde, lässt sich eine Endgröße von 5,6-5,8 m rekonstruieren und ein Endgewicht von über 100 kg berechnen.

OBEN: **Riesenschlangen, wie dieser Tigerpython, finden in Gefangenschaft oft optimale Bedingungen zum Wachsen.**

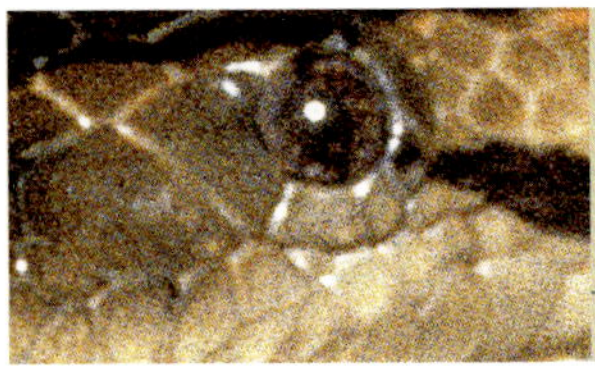

3. DAPHNE: Das 3. Beispiel ist wieder ein Netzpython, ebenfalls weiblich, der im April 2001 geboren wurde. Von 80-85 cm Schlupflänge startete dieses Weibchen ein bisher einzigartiges Wachstum: Nach 1 Jahr bereits 2,5 m lang, erreichte sie im 2. Lebensjahr eine Länge von 3,6 m. Bereits im Dezember 2004 wurden 4,7 m überschritten, und im Oktober 2005 maß sie 5,1 m. Ende 2006 war sie über die 5,5-m-Marke geklettert.

Das enorme Wachstum kommt allerdings nicht von ungefähr, weil die Mutter selbst ein sehr großes Tier mit Potenzial zum Ausnahmeexemplar ist. Alle Geschwister von Daphne, immerhin 48 Stück, zeigen bisher ein ebenfalls schnelles Wachstum, bleiben aber hinter der rekordverdächtigen Schwester zurück: Kein anderer Netzpython aus diesem Wurf hatte im Dezember 2005 die 5-m-Marke überschritten.

*

AUCH BEI TIEREN mit außergewöhnlichem Anfangswachstum muss man mit Prognosen über ihre eventuell erreichbare Endlänge allerdings vorsichtig sein. Viele Pythons wachsen bis 4 m Länge sehr rasch, darüber hinaus jedoch kaum noch und werden dann nur noch massig. In der freien Wildbahn ist das Nahrungsangebot meist knapp, und Exemplare mit ähnlichem Wachstum wie in unseren Fallbeispielen sind vermutlich sehr selten.

Hier war Colossus die große Ausnahme, da er in Gefangenschaft bestens versorgt wurde und somit sein Wachstumspotenzial voll ausschöpfen konnte. Zwischen 5-10 Jahren wuchs er jährlich 52 cm und danach noch über 2 m weiter. Beatrice wuchs um 37 cm vom 5. bis 8. Lebensjahr jährlich, und Daphne ist noch zu jung, um einen echten Vergleich anzustellen.

Die Maximalgrößenregel

Der Zoologe Peter C.H. Pritchard untersuchte den Zusammenhang von Endlängen nordamerikanischer Nattern- und Klapperschlangenarten und deren kürzester Länge als geschlechtsreife Tiere (= Minimallänge in der Tabelle unten). Er fand heraus, dass die Maximallängen der untersuchten Arten um die Faktoren 1,5-2,5-mal höher waren als die Längen bei der Geschlechtsreife. Den größten Unterschied fand er bei einer *Lampropeltis*-Art mit der 2,5-fachen Länge heraus. Pritchard übertrug nun den Faktor von 2,5 auf die minimalen Längen geschlechtsreifer Weibchen von großen Riesenschlangenarten. Die Weibchen der Großen Anakonda werden nach Pritchard erst bei einer minimalen Länge von 3,2 m geschlechtsreif. Daraus ergibt sich bei dem Faktor von 2,5 die Maximallänge von 8 m. Der Netzpython würde aber nur eine Maximallänge von 7,6 m erreichen.

Maximallängen bei Riesenschlangen nach P. Pritchard.

ART	MINIMALLÄNGE GESCHLECHTSREIFER WEIBCHEN NACH PRITCHARD	MAXIMALGRÖSSE BEI DEM FAKTOR 2,5
Große Anakonda	3,2 m	8,0 m
Tigerpython	2,35 m	5,9 m
Netzpython	3,04 m	7,6 m
Felsenpython	2,5 m	6,25 m

OBEN: **Riesenschlangen wachsen, im Gegensatz zu Nattern und Vipern, auch nach der Geschlechtsreife wesentlich stärker in Länge und Umfang heran. Hier ein Netzpython.**

GEGEN DIESE REGEL wurden aber bald Einwände in Bezug auf die Riesenschlangen erhoben. Nattern und Klapperschlangen zeigen ein extrem geringes Alterswachstum, oft nur noch 2–5 cm in 10 Jahren, wohingegen bei Riesenschlangen auch nach dem 15. Lebensjahr ein wesentlich stärkeres Längenwachstum stattfindet, besonders bei der Großen Anakonda. Die Übertragung dieser Regel von Nattern oder Klapperschlangen auf die Riesenschlangenarten kann deshalb nur bedingt zutreffen. Die errechnete Maximalgröße des Netzpythons zeigt, dass für ihn ein höherer Faktor als 2,5 zutreffend ist. Ein zweiter Fehler in dieser Tabelle von Pritchard ist in den Längenangaben der minimalen Geschlechtsreife der Weibchen begründet. Nach neueren Erkenntnissen können die Weibchen schon ab ungefähr 2,5 m geschlechtsreif werden.

Kapitel 5

Historische und aktuelle Rekordschlangen jeder Zentimeter zählt

LINKS: Viele Berichte ranken sich um phänomenal große Riesenschlangen (im Foto eine Große Anakonda). Die Erfahrung zeigt jedoch, dass höchste Vorsicht geboten ist, bevor eine Längenangabe akzeptierbar ist. Dann wiederum zählt jeder Zentimeter!

Die Giganten unter den »Big Four«

von Henry Bellosa

AUS DEN BISHER vorgestellten Daten zum Wachstum der 4 Riesenschlangenarten und aus den Fallbeispielen lässt sich nun eine erste Einschätzung über die Titelvergabe »Größte Schlange der Welt« ableiten. Die größten Rekordschlangen aus der Vergangenheit und Gegenwart werden jetzt vorgestellt bzw. in Tabellen gelistet. In den Tabellen sind alle recherchierten Tiere der Größe nach geordnet, beginnend mit den Originalangaben der längsten Schlangen. Dabei sind Daten mit dem amerikanischen Längenmaß Fuß (1 Fuß = 30,48 cm) ins metrische System umgerechnet worden. Lediglich bei Originalzitaten wird der Meterwert dahinter in Klammern gesetzt. Stehen 2 Längenangaben untereinander, so wurde der untere Wert entweder fotografisch vermessen (= fg) oder geschätzt (= S). Darüber hinaus sind in den Tabellen kurze Hinweise zu Quelle, Herkunft und näheren Umständen sowie weitere Daten zum Tier enthalten.

Große Anakonda

Über die längste jemals vermessene Große Anakonda berichtete der brasilianische Offizier, Entdecker und Anthropologe Candido Mariano de Silva Rondon, der in seiner Laufbahn von mehreren geografischen Gesellschaften ausgezeichnet wurde. Dieser traf auf eine Gruppe Indianer, die gerade eine Anakonda erlegt hatten. Sofort nahm er eine Messung an dem kurz zuvor getöteten Tier vor. Die genaueren Umstände wie Fundort, Datum, weitere anwesende Zeugen und die Art der Messung fehlen jedoch. Der Reptilienforscher James A. Oliver veröffentlichte 1958 erstmals diesen Bericht. Wenn man bei dieser Länge von

RECHTS: Historische Aufnahme einer ungefähr 7 m langen Anakonda aus dem Zoologischen Garten von São Paulo.

einem schlanken Exemplar ausgeht, dann hätte die Anakonda etwa 80 cm Umfang in der Körpermitte gehabt und mindestens 250 kg gewogen. Ein weniger schlankes Exemplar hätte sogar um die 300 kg auf die Waage gebracht, ein fantastisches Gewicht. Alle von mir fotografisch vermessenen Anakondas, auch die historischen Exemplare Nr. 15 und 16 der Tabelle auf Seite 74, hatten nicht annähernd eine Länge in dieser Größenordnung, und so bleiben erhebliche Zweifel. Nicht selten wurden solche Berichte erst auf Anfrage nach vielen Jahren aufgeschrieben, sodass die Gefahr einer falschen Erinnerung besteht.

*

FÜR VIELE NAMHAFTE Experten galt bis in die 1980er-Jahre hinein die 11,44 m lange Anakonda (Nr. 2 der Tabelle) als verbürgtes Rekordtier. Später jedoch kamen Zweifel an der Länge auf, da sich der Vermesser dieses rekordverdächtigen Tieres nicht mehr erinnern konnte, wie oft er das Maßband an der Schlange ansetzte. Auf Seite 121/122 wird dieser Fall ausführlich geschildert.

Der Kurator des Guyana Museums in Georgetown, John Quelch, unternahm zahlreiche Expeditionen durch den Regenwald Guyanas. Durch seine Mitarbeiter und die Zusammenarbeit mit Indianern verfügte er außerdem über viele Informationsquellen, die seine persönliche Erfahrung mit der einheimischen Fauna erweiterten. 1898 berichtete er über ein Erlebnis am Esseqibo River. Er sah eines Tages aus kurzer Entfernung neben seinem Boot den enormen Kopf einer riesigen Anakonda auftauchen (Nr. 3 in der Tabelle). Er schätzte den Kopf auf die doppelte Größe einer 6-m-Anakonda. Aus dieser Beobachtungsperspektive eine Anakonda von über 11 m Länge abzuleiten, erscheint eher abenteuerlich als mit wissenschaftlicher Herangehensweise methodisch errechnet. Zwischen der Rumpflänge und der Kopfgröße

OBEN: Eine typische Aufnahme einer großen Riesenschlange, die hier von peruanischen Soldaten präsentiert wird. Tatsächlich täuscht das nahe Zusammenstehen der Soldaten über die wirkliche Länge, die unter 6 m liegen dürfte.

einer Riesenschlange besteht zwar eine Größenbeziehung, diese ist aber relativ variabel. Alte Exemplare mit riesigen Köpfen können einen sehr langen Körper besitzen, dieser kann aber auch sehr massig und dafür weniger lang sein. Gerade die Anakonda entwickelt im Alter einen markant breiten und massiven Schädel, der sich dann wenig von einem Halsumfang von 30–35 cm absetzt, welchen man gerade noch mit beiden Händen umfassen kann. So könnte die Schlange durchaus zwischen 6–8 m Länge besessen haben.

*

INSGESAMT GIBT ES eine ganze Reihe von Berichten über Anakondas von mehr als 8 oder 9 m Länge (siehe Tabelle S. 74). Vielen dieser Berichte ist gemeinsam, dass die angegebene Länge heute nicht mehr nachvollziehbar ist und von falschen Schätzungen ausgegangen werden muss. Außerdem sind viele Längenangaben mit runden Summen wie 8 m oder 30 Fuß generell zweifelhaft, denn sie machen den Eindruck, dass es sich hier um einen Schätzwert und nicht um eine Messung handelt. Im Durchschnitt hat ja nur

Rekordtiere der Großen Anakonda (*Eunectes murinus*).

Legende der Abkürzungen:
g = gemessen, g? = vielleicht gemessen, g* = wahrscheinlich falsche Angabe der Messung, ü = überliefert/Bericht aus zweiter Hand, S = Schätzung, ? = keine Angabe zur Längenermittlung, fg = fotografisches Messverfahren nach Bellosa

NR.	LÄNGE	BELEG	BEURTEILUNG	QUELLE	HERKUNFT	BEMERKUNGEN
01	11,6 m	g?	extrem unglaubwürdig	C.M. de Silva Rondon in Oliver 1958	Brasilien	siehe S. 72
02	11,44 m	g*	extrem unglaubwürdig	E. R. Dunn 1944	Orinoko, Ostkolumbien	Unstimmigkeiten, siehe S. 73, 121, 122
03	über 11 m	S	unglaubwürdig	J.J. Quelch 1898	Essequibo River, Guyana	siehe S. 73
04	10,4 m	S	extrem unglaubwürdig	V. Roth 1921 in Oliver 1958	Barima River	aus dem Boot heraus geschätzt
05	10,25 m	S	extrem unglaubwürdig	F. Medem in Oliver 1958	Rio Guaviare, Südostkolumbien	im Vergleich mit der Bootslänge geschätzt
06	10 m	g?	unglaubwürdig	E. Bancroft 1769	Plantage Amsterdam, Guyana	sehr alter Bericht, 90 cm Umfang, Angaben zu Kopf und Darminhalt
07	9,76 m	ü	unglaubwürdig	A.R. Wallace 1853	keine Angabe	aus zweiter Hand, hat selber nur Anakondas von 4,5-6 m Länge gesehen
08	9,76 m	ü	extrem unglaubwürdig	R.R. Mole 1924	Irois auf Trinidad	wurde bereits ca. 1810 getötet
09	10-m-Haut	g	unglaubwürdig	Th. Barbour 1926	im Institut Butantan in São Paulo, Brasilien	Haut über 8 m Länge wurde mehrfach bestätigt
10	8,85-m-Haut	g	erwiesen	M.K. Robertson 1998	Brasilien, Rio Coxipo	Haut ohne Kopf und Schwanzende, siehe Kapitel 3 und 5
11	8,46 m	g?	eventuell möglich	D. McFalran 1991	Brasilien	1960 getötet, soll 227 kg und 1,11 m Umfang gehabt haben; Guinness Buch der Rekorde akzeptierte früher diesen Rekord
12	8 m	g?	eventuell möglich	H.-G. Petzold 1982	Zoo Rio de Janeiro, Brasilien	über dieses Tier sind mehrere Berichte vorhanden
13	8 m	?	unglaubwürdig	H.-G. Petzold 1982	Hamburg	1879 gestorben, Privatbesitz Hagenbeck
14	7,32 m	g	glaubwürdig	P. Fountain 1904	keine Angabe	im Sumpf erschossen, Daten sind stimmig, Umfang 105 cm
15	7 m 6,8	? fg	glaubwürdig	H.-G. Petzold 1982	Zoo von São Paulo	70 cm Umfang, 130 kg Gewicht
16	8 m 6,7 m	S fg	extrem unglaubwürdig	Bras. Presse/ Internet	Brasilien	70-75 cm Umfang

OBEN: Fang einer Großen Anakonda von einem Indianerstamm. Es ist nicht schwer, sich vorzustellen, dass die Länge dieser Anakonda, von Jahr zu Jahr am Lagerfeuer erzählt, immer größer wird.

jede hundertste Messung ein rundes Ergebnis, und besonders alte Schätzwerte von Riesenschlangen oder die der lokalen Bevölkerung, die eigene Maßeinheiten besitzen - oft aus Beispielen der belebten Natur - schießen oft weit über das Ziel hinaus. Dies zeigt sich auch heute noch besonders deutlich bei den vielen Berichten von Anakondas, die weit über 10 m lang gewesen sein sollen.

*

NUR EINE GROSSE Anakonda hat mit absoluter Sicherheit die 9-m-Marke erreicht. Sie wurde bereits im Kapitel 3 erwähnt und hat die Nummer 10 in der Tabelle. Die Haut wurde im Reptile Discovery Center im National Zoological Park in Washington restauriert und auch hier vermessen. Dieses Exemplar ist für uns die bisher größte Anakonda, der auch eine hohe Glaubwürdigkeit zugestanden werden kann. Die noch vorhandene Haut ist in hervorragendem Zustand und höchstens sehr geringfügig gestreckt, da die Körperschuppen noch original übereinander liegen. Ohne den Kopf und ohne die Schwanzspitze misst sie 8,85 m. Gehen wir von fehlenden 25 cm aus und nehmen, wie in Kapitel 3 dargestellt, eine Streckung von 0-2 % an, so hatte diese Anakonda bei ihrer Tötung im Jahre 1935 aller Wahrscheinlichkeit nach eine reale Länge zwischen 8,65 und 9,1 m. Das würde bei einem Umfang von 85-90 cm einem Gewicht von 200-220 kg entsprechen.

Dunkler Tigerpython

Bei der Auflistung besonders stattlicher Exemplare des Tigerpythons handelt es sich mehrfach um historische Fälle, die von Frank Wall gesammelt und 1912 veröffentlicht wurden. Wall überarbeitete 1921 seine Liste, jedoch nicht besonders kritisch, denn einerseits meinte er, seien 3 m lange Pythons häufig und eine Länge von 6 m erreichbar, andererseits listet er nach wie vor Schlangen auf, die die 10-m-Marke erreicht haben sollen. Immerhin stammen von ihm zahlreiche detaillierte Informationen, auch Beurteilungen der Zuverlässigkeit seiner Datenlieferanten.
Der von der Niederländerin Nelly de Rooij 1917 überlieferte Bericht, in dem ein Tigerpython tatsächlich 10 m Länge erreicht haben soll (Nr. 1 der Tabelle Seite 76), wird von Wall nicht kommentiert. Es liegen auch keine Angaben zum Fundort, zur Messmethode und zur Person vor, die die Messung vornahm. Ich stimme Henderson und Murphy, den Autoren des Buches »Tales of Giant Snakes«, darin zu, dass die Wahrscheinlichkeit für ein solch langes Exemplar eher gering ist. Es ist zu vermuten, dass diese runde Länge auf einer falschen Schätzung beruht, ebenso wie bei dem 2. Exemplar in der Tabelle, zu dem es keine weiteren Daten gibt.

*

MIT ETWAS MEHR DETAILS ist die Sachlage beim 3. Tigerpython in der Tabelle versehen. Trotz eigener Zweifel schrieb Wallace Elliot 1870 die Geschichte von Sir Mark Cabbon auf, der im Auf-

Längenrekorde des Dunklen Tigerpythons (*Python molurus bivittatus*).

Legende der Abkürzungen:
g = gemessen, g? = vielleicht gemessen, g* = wahrscheinlich falsche Angabe der Messung, ü = überliefert/Bericht aus zweiter Hand, S = Schätzung, ? = keine Angabe zur Längenermittlung, fg = fotografisches Messverfahren nach Bellosa

NR.	LÄNGE	BELEG	BEURTEILUNG	QUELLE	HERKUNFT	BEMERKUNGEN
01	10 m	ü	extrem unglaubwürdig	F. Wall 1921	keine Angabe	Bericht wird von der Fachwelt stark angezweifelt
02	9,2 m	?	extrem unglaubwürdig	J.G. Walls 1998	keine Angabe	ohne Beleg
03	9,14 m	ü	extrem unglaubwürdig	J.C. Murphy & R. Henderson 1997	Malabar-Gegend, Südwestküste Indiens	siehe S. 75/76
04	8,24 m 6,4 m	g? fg	extrem unglaubwürdig	D.W. Eggleston 1994; Guinness Book of World Records 1998	Haltung in einem Reptilienpark, Gurnee, Illinois, USA	siehe Kapitel 5 und 9
05	7,5 m über 6 m	g? S	unglaubwürdig	M. Jachmann (pers. Mitt.)	Privathaltung, BRD	siehe Kapitel 5 und 9
06	7-7,5 m	S	eventuell möglich	J.G. Walls 1998	keine Angabe	ohne echten Beleg, anhand von Erfahrung geschätzt
07	6,7 m	S	unglaubwürdig	J.C. Murphy & R. Henderson 1997	Sri Lanka	siehe S. 79
08	6,7 m 6,1-6,3 m	g? fg	eventuell möglich	H. Bellosa	Privathaltung in Österreich	Foto und Bericht vorhanden, lebte in den 1970er-Jahren
09	6,4-6,7 m	S	extrem unglaubwürdig	W. Forsyth 1911	Herkunft unklar	Heller Tigerpython
10	6,5 m	g?	glaubwürdig	Zeitungsberichte	Exotarium des Zoos Frankfurt/Main	fiel durch ungewöhnliche Fressleistungen auf: Schwein mit 54 kg, Ziege mit 48 kg, 1950er- und 1960er-Jahre
11	6,1 m	S	glaubwürdig	J. Ray in Wall 1921	Museum Leyden, Niederlande	von Dumeril und Bibron bestätigt
12	6,1 m	S	glaubwürdig	P.E.P. Deraniyagala 1955	Sri Lanka	Gewicht 113 kg, 65 cm Umfang
13	über 6 m	g? fg	glaubwürdig	H. Bellosa	Privathaltung in Rom, Italien	siehe S. 78
14	ca. 6 m	fg	glaubwürdig	H. Bellosa	Bangkok in privater Hand, Thailand	in Zeitungen abgebildet (siehe S. 136)
15	7 m ca. 6 m	ü S	unglaubwürdig	P.J. Deoras 1965	Indien	Daten passen für das Tier nicht zusammen
16	5,5-6 m	S	glaubwürdig	P. de Vosjoli 1997	Zoo von Seattle	1990er-Jahre
17	über 5,6 m	g	glaubwürdig	T. Lücke (pers. Mitt.)	Reptilienzoo Scheidegg, Allgäu	1970er- und 1980er-Jahre, 120 kg
18	über 5,5 m	S	glaubwürdig	H. Bellosa 2007	Zoo-Aquarium Berlin-West	1980er-Jahre

OBEN: Auch der Dunkle Tigerpython soll rekordverdächtige Längen hervorgebracht haben. Letztlich wird aber die Rekordlänge zwischen der Großen Anakonda und dem Netzpython entschieden werden.

trag eines kleinen Königreichs an der Südwestküste Indiens unterwegs gewesen war. Ein befreundeter Händler schilderte ihm lebhaft einen Bericht über einen großen Tigerpython aus der Malabar-Gegend. Bei Nachforschungen konnte Cabbon Augenzeugen ausfindig machen, die einen riesigen Tigerpython gefunden hatten. Als Länge gaben die Einheimischen mindestens 30 Fuß (= 9,14 m) an. Sie bestätigten einmütig, dass dieser ein Kalb des Gaurs gefressen hätte. Diese größte weltweit lebende Wildrindart ist deutlich größer und kräftiger als die indischen Hauskühe, und selbst ein Kalb von 40 kg Gewicht stellt schon einen gewaltige Größe dar, wenn sich eine Riesenschlange an ihm versuchen sollte. Da keine Messung vorgenommen wurde und der Bericht durch viele Stationen ging, sind auch hier erhebliche Zweifel an der Länge der Schlange angebracht. Selbst das Argument mit dem verschlungenen Gaurkalb kann nicht zur Größenbestimmung verwendet werden, da bereits ein 5,7 m langer Dunkler Tigerpython nachweislich einen Leopard von 45 kg Lebendgewicht verschlungen hat.

OBEN: Der Rekord eines Tigerpythons, der 1998 mit einer Länge von 8,24 m beschrieben wurde, ist leider vollkommen unglaubwürdig. Der hier gezeigte Helle Tigerpython ist ca. 3 m lang.

DER 4. TIGERPYTHON in der Tabelle wurde dadurch bekannt, dass er im »Guinness-Buch der Rekorde, 1998« als Rekord-Tigerpython von 8,24 m erschien. Diese seit einigen Jahren abgedruckten Daten von einer Messung im November 1998 sind vollkommen unglaubwürdig. Der Besitzer Lou Daddano, der in Gurnee, Illinois, einen privaten Reptilienzoo betreibt, gab aber 1994 in einem Interview an, dass sein riesiger Tigerpython ungefähr 20 Fuß lang sei, was etwas über 6 m Länge entspricht. Ein neueres Bild dieser Schlange aus dem Internet vom 21.12.2004 wurde von mir fotografisch vermessen. Darauf ist der Python 6,4 m lang, hat 70–72 cm Umfang und wiegt ca. 120–125 kg. Inzwischen ist er noch weiter gewachsen und könnte mittlerweile im Alter von 26 Jahre über 6,5 m Länge erreicht haben. Setzt man entsprechende sonstige Maße, also einen Umfang von 72–74 cm an, würde er heute 132–136 kg auf die Waage bringen. Das wäre das höchste Gewicht eines Tigerpythons, welches jemals beschrieben wurde. Allerdings befand sich der Tigerpython 2004 schon in einem Alter, in welchem weder ein deutliches Wachstum noch eine Erhöhung des Körpergewichtes sehr wahrscheinlich sind. Eine Anfrage bei der Redaktion der deutschen Ausgabe des »Guinness-Buchs der Rekorde« ergab, dass tatsächlich die Umstände der Messung und das Ergebnis mit Fragen behaftet sind. In einer neueren Dokumentation über Riesenschlangen in den USA wurde dieser Python gezeigt, wie er von 7 Personen gehalten wurde – wiederum ergab die fotografische Auswertung eines Standfotos aus der Sendung eine Länge von höchstens 6,5 m.

*

WIRD EINE SCHLANGE zu kommerziellen Zwecken, also als Schauexemplar eingesetzt, sind von vornherein Zweifel an der angegebenen Länge angebracht. Der im Kapitel 9 erwähnte weibliche Dunkle Tigerpython namens Ira (Nr. 5 der Tabelle) mag über 6 m lang gewesen sein, spekulativ gesprochen vielleicht sogar 6,5 m, bestimmt aber nicht 7,5 m. Tier Nr. 13 wird vom Besitzer im Internet als größter Tigerpython Europas angegeben und wiegt nach neueren Veröffentlichungen immerhin 130 kg. Da der Dunkle Tigerpython auch sehr häufig in privater Hand gehalten wird, fehlen vermutlich einige Exemplare im Längenbereich von 5-6 m. Unter ihnen befindet sich aber sicherlich kein Anwärter auf den Titel der längsten Riesenschlange. Im Gegensatz zu den historischen Riesenexemplaren, ist bei den modernen längst deutlich geworden, dass ausnahmslos der Dunkle Tigerpython *(P. molurus bivittatus)* besonders große Exemplare hervorbringt. Deswegen muss auch die Länge des Tigerpythons von Sri Lanka mit 6,7 m stark angezweifelt werden (Nr. 7 der Tabelle), denn auf dieser Insel ist der kleinere Helle Tigerpython *(Python molurus molurus)* verbreitet.

Netzpython

Obwohl der Netzpython in seinem Verbreitungsgebiet sogar regional und saisonal relativ häufig vorkommen kann, existieren deutlich weniger historische Berichte über Rekordexemplare als bei der südamerikanischen Anakonda. Dieses mag in seinem schlankeren Körperbau begründet liegen, sicher hängt es aber mit dem stärker ausgeprägten »Mythos Anakonda« zusammen. Während diese Schlange bis heute Ziel zahlreicher Expeditionen von Abenteurern, Rekordjägern und Wissenschaftlern war, fiel der Netzpython eher zufällig Feldarbeitern, Minenbediensteten oder Forschungsreisenden auf.

*

DAGEGEN SIND vom Netzpython im Vergleich zu den anderen 3 Arten wesentlich mehr aktuelle Berichte von sehr großen Exemplaren bekannt. Selbst in unseren Tagen tauchen in Zeitungen oder im Fernsehen mehr oder minder regelmäßig Berichte von enorm langen Netzpythons auf. Erst am 27. Februar 2007 beispielsweise wurde in Malaysia bei Kampung Pogoh, Segamat, ein 7 m langer Netzpython gefangen. Der Farmer hatte 3 Monate lang versucht, des Pythons habhaft zu werden, der jetzt in einem Park der Öffentlichkeit zugänglich gemacht wurde. Ein anderer, 7,6 m langer Netzpython, ebenfalls aus Malaysia, erlangte im März 2007 internationale Berühmtheit, weil er innerhalb von 3 Monaten 11 Hunde gefressen haben soll, die eine Obstplantage bewachten. Exemplare von über 7 m Länge scheinen also auch heute noch keine Ausnahme zu sein.

RECHTS: **Der Autor Mark Auliya posiert mit einem ca. 4 m langen Netzpython.**

Längenrekorde des Netzpythons (*Python reticulatus*).

Legende der Abkürzungen:
g = gemessen, g? = vielleicht gemessen, g* = wahrscheinlich falsche Angabe der Messung, ü = überliefert/Bericht aus zweiter Hand, S = Schätzung, ? = keine Angabe zur Längenermittlung, fg = fotografisches Messverfahren nach Bellosa

NR.	LÄNGE	BELEG	BEURTEILUNG	QUELLE	HERKUNFT	BEMERKUNGEN
01	10 m	g?	eventuell möglich	H.C. Raven 1946	Sulawesi, Indonesien	Ungereimtheiten, siehe S. 81
02	10 m	S	extrem unglaubwürdig	anonym 1988	Great Nicobar Island Indien	wurde dort getötet, bisher keine großen Exemplare von dort bekannt
03	9,76 m	g?	eventuell möglich	C. Mayer 1920	keine Angabe	siehe S. 82
04	10-m-Haut	S	unglaubwürdig	F. Buck 1932	Philippinen	siehe S. 82
05	9,2 m	S/ü	unglaubwürdig	T. Cantor 1847	Fuß des Pinang, West-Malaysia	1844 getötet, Nachricht durch Hörensagen verbreitet, siehe Kapitel 5
06	8,7 m	g	erwiesen	A.J. Barton & W.B. Allen 1961	Highland Park Zoo/ Pittsburgh, USA	Colossus, siehe Kapitel 4
07	8,54 m	S/g?	glaubwürdig	M.W.F. Tweedie 1957	keine Angabe	glaubt selbst an Tiere von über 9 m Länge
08	8,5 m	fg	glaubwürdig	H.-G. Petzold 1982	Zoo Hagenbeck, Hamburg	Tier wurde mehrfach bei Hagenbeck ausgestellt, 115 kg Gewicht
09	8,24-8,54 m	g?/ü	glaubwürdig	M.A. Smith 1943	keine Angabe	mehrere Exemplare dieser Größe, Messungen an toten Tieren bestätigen diese Messung
10	8,23 m	g?	glaubwürdig	S.S. Flower 1899	Taiping/Perak, West-Malaysia	in der Nähe von Taiping getötet, Details glaubhaft
11	8,23 m	g	glaubwürdig	A. Binnie 2000	Knaresborough Zoo, Großbritannien	Cassius, im Zoo von ca. 1960 bis Anfang 1980, 130 kg
12	10,24-m-Haut 7-8 m	g? S	unglaubwürdig	R. Davis 1974	Mesker-Zoo von Evansville, Indiana, USA	lebte von 1931-1948, ein Dermatologe vermaß die Haut nach dem Ableben, Kopf dann aus einem Museum gestohlen
13	8,2-8,4 m	fg	glaubwürdig	H.-G. Petzold 1982	Habu-Schlangenpark, Japan	veröffentlichte Daten (12,2 m/220 kg) total übertrieben
14	8 m	g	glaubwürdig	BBC-Dokumentation	New York Bronx Zoo, USA	siehe S. 52

AUCH BEIM NETZPYTHON stellt sich die Frage, ob man den Berichten von 10 m langen Tieren Glauben schenken darf, und oft ist die Einschätzung sehr schwierig.
Im »Buch der Weltrekorde« von 1912 wird als längste Schlange von einem knapp 10 m langen Netzpython berichtet, der erst 1–2 Jahre zuvor auf der Insel Sulawesi bei einer Mine getötet und vermessen worden war (Nr. 1 der Tabelle). Erst 1946 befasste sich H.C. Raven in einem Artikel ausführlicher mit diesem Netzpython, der jetzt eigenartiger Weise sogar über 10 m lang gewesen sein soll. Doch auch der mit Raven befreundete Zoodirektor des New York Bronx Zoo, Raymond L. Ditmars, soll die Messung für seriös gehalten haben. Seitdem wurde dieser Python in vielen Artikeln und Büchern als die Rekordschlange mit 10 m Länge geführt. Auch das »Guinness-Buch der Weltrekorde, 1991« akzeptierte diese alte Bestmarke, obwohl der besagte Netzpython von der Insel Sulawesi mit nur knapp 10 m angegeben wurde. Raven interpretierte diese zugegebenermaßen geringfügige Längendifferenz mit Umrechnungsfehlern von »Fuß« auf »Meter«. Bei genauer Prüfung der Zahlen kann man sich des Eindrucks nicht erwehren, dass mit allen Umrechnungstricks, die zur Verfügung standen, die 10-m-Marke erreicht werden sollte.

UNTEN: Bauarbeiter auf der indonesischen Insel Kalimantan tragen einen 6–7 m langen Netztpython. Das Abraumfahrzeug im Hintergrund ist knapp 13 m lang.

OBEN: In der »New Straits Times« aus Sik in Kedah, West-Malaysia wird am 14. März 2006 vom Fang eines 7,5 m langen Netzpython berichtet. Das abgebildete Tier ist jedoch nur etwas über 5 m lang.

Und es gibt noch weitere Ungereimtheiten zu diesem Rekord: Ein Ingenieur einer Mine berichtete Raven, dass ein Einheimischer einige Tage zuvor einen riesigen Netzpython getötet hätte. Er zeigte ihm zum Beweis eine Fotografie von sehr schlechter Qualität. Auf die Frage von Raven, wie er denn bei der Länge so sicher sein könne, gab der Ingenieur zur Antwort, dass die Länge von ihm mit einem Maßband zur Landvermessung ermittelt worden sei. Daraus ist ersichtlich, dass Raven diesen Netzpython nicht selbst gesehen hat und bei der Vermessung nicht dabeigewesen ist.

Über den Netzpython, den C. Mayer 1920 nach Liverpool lieferte (Nr. 3 der Tabelle), ist leider sehr wenig bekannt. Offensichtlich war Mayer für ein Tierfang-Unternehmen tätig und fing für europäische Zoos und auch Privatleute große Schlangen im südostasiatischen Raum. Ein besonders stattliches Exemplar bekam Cross aus Liverpool, der es nach Erhalt auch vermessen haben soll. Henderson und Murphy gehen bei diesem Tier von einer Schätzung der Länge aus, was in Anbetracht des Umstandes, dass das Tier noch lebte, glaubhafter erscheint.

*

1932 BERICHTETE Frank Buck von einer 10 m langen Haut eines großen Netzpythons (Nr. 4 der Tabelle), die im »Bureau of Science« in Manila ausgestellt war. Das Tier stammte aus der Provinz Cotobato, Philippinen, und wurde bei der Abhäutung um 75 cm gestreckt, sodass die echte Länge wahrscheinlich bei 9,14 m lag. Eine genaue Messung der Haut scheint aber nicht durchgeführt worden zu sein, da bei der Längenangabe die Stellen hinter dem Komma fehlen.
Es könnte sich hier um einen Schätzwert handeln. Dem Autor Lutz Dirksen wurde schon mehrfach von 10 m langen Anakonda-Häuten berichtet, die sich dann aber als wesentlich kleiner herausstellten.

AUS DEM VERBREITUNGSGEBIET des Netzpythons fallen 3 Gegenden durch ihre Riesenexemplare auf: die Insel Sulawesi mit hellgrauen Formen und mit sehr breiten, flachen Köpfen; die Philippinen, von wo gerade in jüngster Zeit mehrere Berichte von nachweislich 6-7 m langen Tieren stammen, und von West-Malaysia mit dunkelgrauen, kontrastreichen Farbformen mit relativ langen Köpfen. Von dieser letzten Verbreitung hörte Theodore E. Cantor, dass dort ein 9,2 m langes Tier gefangen und getötet worden sei. Dieser Netzpython (Nr. 5 der Tabelle) wurde 1844 getötet und fand 3 Jahre später Erwähnung in einem Katalog über die Reptilien der Malaysischen Halbinsel und benachbarter Inseln von Cantor. Da dieser Bericht durch sehr viele Hände ging und der Berichterstatter das Tier auch nicht selbst gesehen, geschweige denn vermessen hatte, ist die Längenangabe wenig glaubwürdig.
Wie aus der Übersicht hervorgeht, ist Colossus die bisher längste einwandfrei vermessene Riesenschlange. Leider wurde seine exakte Länge beim Ableben nicht ermittelt und wird nun zwischen 8,7 und 9,15 m Länge geschätzt.

Felsenpython

Für den afrikanischen Felsenpython liegen relativ wenige Daten über rekordverdächtige Tiere vor. Die wenigen Berichte sehr großer Felsenpythons erscheinen insgesamt auch eher unglaubwürdig. So soll ein 9,8 m langer Felsenpython 1932 in der Nähe der Stadt Bingerville, Elfenbeinküste in einer Gartenhecke getötet worden sein. Er muss, falls es ihn gegeben hat und die Daten stimmen, eine wirklich gewaltige Schlange gewesen sein. Es fehlen jedoch alle entscheidenden Nachweise, um diese Angaben als glaubwürdig einzustufen. Auch nach Aussage des Herpetologen William R. Branch, der eine ganze Reihe großer Exemplare des Nördlichen Felsenpythons selbst untersuchte und in seinem Buch »Pythons und Menschen: Jäger und Opfer« eine umfangreiche Stellungnahme zur tatsächlich erreichbaren Größe dieser Riesenschlange lieferte, glaubt den Angaben nicht.

*

EINE FOTOGRAFIE zeigt einen Felsenpython, der ein Kalb verschlingt. Das Originalfoto ist im Besitz von H. van Rompaey aus Belgien, der ein Duplikat der Aufnahme in der Ausgabe 39(6) im Journal »African Wildlife« aus dem Jahre 1985 zur Publikation freigab. Selbiger Herr berichtet, welcher

UNTEN: Auch vom Felsenpython existieren Berichte von bis zu 10 m langen Exemplaren, deren Existenz jedoch bis heute zweifelhaft geblieben ist. Die hier abgebildete Schlange ist etwa 4 m lang.

Längenrekorde des Felsenpythons (*Python sebae*).

Legende der Abkürzungen:
g = gemessen, g? = vielleicht gemessen, g* = wahrscheinlich falsche Angabe der Messung, ü = überliefert/Bericht aus zweiter Hand, S = Schätzung, ? = keine Angabe zur Längenermittlung, fg = fotografisches Messverfahren nach Bellosa

NR.	LÄNGE	BELEG	BEURTEILUNG	QUELLE	HERKUNFT	BEMERKUNGEN
01	9,8 m	ü	unglaubwürdig	W.R. Branch 1984, G.S. Cansdale 1961	Bingerville, Elfenbeinküste	siehe S. 83
02	9,45 m	g?	unglaubwürdig	J. Duncan 1847	14 Meilen von Gooba, Westafrika	abenteuerliche Geschichte, siehe S. 83/84
03	7,93 m	g?	eventuell möglich	M.H. Kingsley 1897	Westafrika	
04	7,6 m (= 9,1-m-Haut)	g	glaubwürdig	W.R. Branch 1984	Morogoro, Ost-Tansania	von A. Loveridge (Herpetologe) vermessen, Tier von Eingeborenen erlegt
05	über 7 m (= 9,1-m-Haut)	g	glaubwürdig	W.R. Branch 1984	Westafrika	von G.S. Cansdale untersucht
06	7,32 m	ü	eventuell möglich	G.S. Cansdale 1961	Nordwest Ashanti, Zentral-Ghana	Minenarbeiter erschoss das Tier
07	ca. 7,3 m	fg	glaubwürdig	H. van Rompaey 1985	Luluab, Zaire	Originalangabe von 11 m, altes Bild von 1953, verschlang Kalb von 43 kg
08	5,8 m	ü	glaubwürdig	R.C.H. Sweeney 1961		lebte in den 1950er-Jahren lange im Londoner Zoo

Worttext auf der Rückseite des Bildes stand: »Boa – 11 m. Veau – 43 kg. Luluabourg.« Der Fotograf wurde nicht genannt. Nach dem Wortlaut zu urteilen, sollte der 11 m lange Python ein 43 kg schweres Kalb in der Ortschaft Kananga (ehemals Luluabourg) in der Demokratischen Republik Kongo verschlungen haben. Dieser Sachverhalt lässt sich nun nicht mehr überprüfen.
John Duncan hatte 1847 in Westafrika eine Begegnung mit einem riesigen Felsenpython etwa 14 Meilen außerhalb der Stadt Gooba. Er und seine Begleiter trafen auf eine Gruppe von Frauen, die ihnen klarzumachen versuchten, dass ein weiteres Vordringen in der sumpfigen Gegend extrem gefährlich sei, da sie kurz zuvor einer riesigen Schlange begegnet seien. Immerhin bot sich eine der Frauen an, Duncan und seinen Begleitern das gefährliche Tier zu zeigen. Dieses hatte sich inzwischen von der angegebenen Tamariske zurückgezogen und einen wesentlich größeren Baum erklommen. Ohne zu zögern soll der Berichterstatter das Tier erschossen und ihm mit einem Schwert den Kopf abgetrennt haben. Selbst jetzt trauten sich die Eingeborenen nicht, das Reptil mit der bloßen Hand anzufassen – so enorm war ihr Respekt. Als Länge gibt Duncan 9,45 m an. Aber eine derart große Schlange wäre sicher nicht geflüchtet, schon gar nicht auf einen Baum, eher schon hätte sie sich in ein größeres Bodenloch, einen Hohlraum oder eine mit Wasser

gefüllte Vertiefung zurückgezogen. Mit noch größerer Wahrscheinlichkeit hätte sie sich durch Fauchen, Drohen und Abwehrbissen allzu aufdringlicher Gegner erwehrt. So bleiben Exemplare übrig, die über 7 m lang waren, aber die 8-m-Marke nicht erreichten.

*

DA IN DEN HEUTIGEN Verbreitungsgebieten dieser Art der Jagddruck trotz offiziellem Verbot in vielen Ländern hoch ist, dürften kaum noch Exemplare von außergewöhnlicher Größe in freier Wildbahn zu finden sein. Berichten zufolge könnten durch Felsenpythons getötete Haustiere, darunter Kälber, Schafe und Ziegen, auch durch Exemplare unterhalb der 5-m-Grenze erdrosselt worden sein.

Mary H. Kingsley beschrieb einen weiteren Python dieser Art aus Westafrika, den sie mit einer Länge von 7,93 m angibt. Ihr Bericht zeugt zumindest von guter Felderfahrung, weswegen man ihm schon etwas mehr Glauben schenken darf. Außerdem wurden 2 Häute aus Tansania und Westafrika von namhaften Herpetologen vermessen. Die lebenden Schlangen dürften ungefähr 7 und 7,6 m lang gewesen sein. Vivian F. M. Fitzsimons, eine bekannte südafrikanische Herpetologin, schrieb zu dem Thema: »Dass im Oranjefluss eine Schlange von besonderer Größe gesehen worden ist, mag ohne Weiteres seine Richtigkeit haben. Der südafrikanische Python oder der Südliche Felsenpython *(Python natalensis)* erreicht eine Länge von ungefähr 6 m und einen Umfang von 60 cm. Sir Andrew Smith erzählt sogar in seinem monumentalen Werk »Zoologie von Südafrika«, dass er einen Python von 7,5 m erlegte.« Aufgrund der dargestellten Exemplare ist davon auszugehen, dass der Felsenpython vermutlich bis 8 m lang werden kann, womöglich sogar darüber hinaus.

*

DAMIT STEHEN ALLE Daten zur näheren Eingrenzung des letztendlichen Rekordexemplares zur Verfügung. Der Leser wird nun auch verstehen, weshalb es nicht möglich ist, mit absoluter Gewissheit zu sagen, welche Schlange die Längste ist und damit auch eine der »Big Four« als die längste Art zu bezeichnen. Es bleibt folglich ein breiter Raum für Spekulationen – und seien wir doch ehrlich: Geheimnisse sind umso faszinierender, je mehr Spielraum unserer Fantasie bleibt. So können wir weiteren rekordverdächtigen Riesenschlangen nachjagen, weitere Recherchen anstellen und erstaunliche Fakten ans Tageslicht bringen.

UNTEN: **Auf dieser alten Schwarz-Weiß-Aufnahme frisst ein Felsenpython ein Kalb. Das Bild zeigt die enorme Fähigkeit der Riesenschlangen große Beutetiere zu verschlingen.**

Kapitel 6

Forschung und Expeditionen – den Riesen auf der Spur

LINKS: Das versumpfte Gewässer am Rande eines Tieflandregenwaldes in West-Malaysia ist ein bevorzugter Lebensraum des Netzpythons.

Anakondaforschungen in Museen und Instituten

von Lutz Dirksen

IM ALLGEMEINEN gehen jedem Forschungsauftrag ganz spezifische Fragestellungen voraus. Erforschen lässt sich vieles – z. B. wo welche Arten vorkommen, wie sie an ihren Lebensraum angepasst sind, welche Merkmale sie kennzeichnen, wodurch sich das Fortpflanzungsverhalten auszeichnet oder wie groß die Bestandsdichte einer Art in ihrem angestammten Lebensraum ist und sich die Populationen im Laufe eines bestimmten Untersuchungszeitraumes entwickeln. Hier sind der Fantasie des Forschers keine Grenzen gesetzt. Allen Forschungen gemeinsam ist natürlich die Notwendigkeit, an die Tiere oder Daten über sie heranzukommen.

UNTEN: **Die Kuratorin Martha Motte des Naturkundemuseums von Asunción in Paraguay hat eine knapp 4 m lange Anakonda zu Forschungszwecken aus einem Fass mit 70 %igem Alkohol geholt.**

*

VIELE FRAGESTELLUNGEN lassen sich anhand von Museumsmaterial beantworten. Besonders in früheren Zeiten sind viele Tiere als konservierte Präparate in wissenschaftliche Sammlungen gelangt und bleiben so bis heute den Forschern zugänglich. Die meisten Reptilien, und somit auch die Riesenschlangen, liegen als Präparate in 70 %igem Alkohol oder Formalin konserviert vor, sodass sich auch heute noch viele Erkenntnisse über die Tiere gewinnen lassen. Gerade bei älteren Präparaten fehlt allerdings leider oft ein eindeutiger Fundort, welcher zu Forschungszwecken eine elementar wichtige Rolle spielt. Exemplare aus der Nachzucht sind weniger wertvoll, denn die Herkunft der Elterntiere ist meistens unsicher, unbekannt, oder die Elterntiere sind nicht aus derselben Region.

*

WISSENSCHAFTLICHE SAMMLUNGEN können sich unter Umständen als eine wahre Goldgrube für den Forscher herausstellen. In der brasilianischen Megametropole São Paulo sind im Instituto Butantan über 400 Anakondas in Gläsern oder als Häute konserviert. Damit handelt es sich um die weltweit größte Anakondasammlung, gefolgt von knapp 130 Anakondas im American Museum of Natural History in New York.
Sicherlich ist es jedoch nicht jedermanns Sache, sich intensiv mit in 70 %igem Alkohol eingelegten Schlangen zu beschäftigen, die dann z. B. vermessen und deren Schuppen gezählt werden. Dies trifft im Besonderen auf größere Exemplare zu, die für eine Untersuchung aus großen Plastiktonnen oder Wannen herausgeholt werden müssen, wobei ein gewöhnungsbedürftiger Geruch den Raum erfüllt. Wirklich große Riesenschlangen sind

aber nur selten in Alkohol konserviert; sie wurden meistens gehäutet und getrocknet, oder es wurde lediglich der Kopf, Schädel oder die Wirbel aufbewahrt. Gelegentlich finden sich auch Kuriositäten wie wenige Zentimeter lange Anakondaembryonen oder die kleinen rudimentären Bein- und Beckenknöchelchen der Riesenschlangen in den Sammlungen.

*

WEGEN DER GRÖSSE der Großen Anakonda gelangten im Allgemeinen nicht viele Exemplare in die Museen, zumal große Tiere mehr Platz in den Sammlungen benötigen. Die Größe ist auch der Grund, weshalb Riesenschlangen nicht als Leihgaben an auswärtige Forscher verschickt werden. Um eine aussagekräftige Individuenanzahl der »Big Four« aus Sammlungen untersuchen zu können, bedarf es daher einer erheblichen Reisetätigkeit, wie dies bei mir der Fall war.
Auch Zoos haben meistens nur wenige Riesenschlangen einer Art, von denen sich nur wenige Individuen gerne näher untersuchen lassen. Dafür kann man im Zoo das Verhalten der Tiere beobachten, soweit dies in Gefangenschaft überhaupt möglich ist. Unbedingt erwähnt werden sollte an dieser Stelle, dass viele spezielle Beobachtungen und Erkenntnisse aus der privaten Reptilienhaltung kommen. Dies wird durch viele veröffentliche Nachzuchtergebnisse in nationalen sowie internationalen Fachzeitschriften bestätigt.

*

LÄNGST HABEN auch moderne molekulargenetische Untersuchungen in den Forschungslabor Einzug gehalten, die im Wesentlichen die Verwandtschaftsverhältnisse der Tiere untereinander analysieren. Dazu werden möglichst viele Gewebe- oder Blutproben von Tieren mit eindeutiger Herkunft herangezogen. Da diese aber nicht immer zur Verfügung stehen, sind auch hier schon mal Reisen in das Verbreitungsgebiet der entsprechenden Tiere notwendig. Überhaupt bringen Expeditionen immer wieder spannende Neuigkeiten, wie dies die Entdeckung neuer Arten oder Unterarten bestätigt (siehe Kapitel 2).

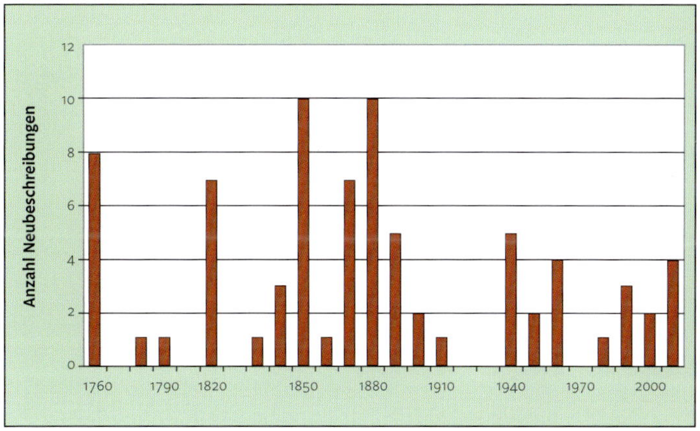

OBEN: **Anzahl der Neubeschreibungen von Riesenschlangen in Dekaden dargestellt (jeder Balken umfasst die 10 Jahre vor dem angegebenen Datum). Auch heute noch werden neue Arten entdeckt.**

*

ES MAG ÜBERRASCHEN, dass auch heute noch viele neue Reptilienarten entdeckt werden. Unter den Reptilien wurden allein zwischen 1990 und 1999 volle 698 neue Arten und 170 neue Unterarten beschrieben. Hinter dieser großen Zahl verbergen sich keineswegs nur kleine unscheinbare Reptilien, sondern immer wieder auch neue Großreptilien, etwa 9 neue Waran-Arten. Und selbst in den beiden Gattungen *Eunectes* und *Python* wurden neue Arten und Unterarten nach der Jahrtausendwende von Wissenschaftlern präsentiert. Dies sind die beiden Unterarten *Python reticulatus saputrai* und *Python reticulatus jampeanus* sowie die neue Anakonda-Art *Eunectes beniensis*. Andere ehemalige Unterarten erlangten durch neue Untersuchungen Artstatus, beispielsweise *Python natalensis*, der zuvor als kleinere Unterart von *Python sebae* klassifiziert wurde.

Anakonda-Expeditionen – auf der Suche nach der Rekordschlange

von Lutz Dirksen

FORSCHUNG AN DEN 4 größten Schlangenarten ist besonders dann spannend, wenn man eine Expedition ausrüstet, um die Schlangen in ihrem natürlichen Lebensraum aufzuspüren und eventuell auch zu fangen. Aus eigener Erfahrung weiß ich jedoch, dass es alles andere als einfach ist, Anakondas in ihren Biotopen zu entdecken. So war ich z. B. 1998 in Bolivien unterwegs, um mehr über die Beni-Anakonda herauszufinden. Diesen Namen erhielt diese Anakonda-Art übrigens erst viel später, und ein Ziel war es festzustellen, ob sich im Department Beni in Bolivien eine neue Art oder Unterart verbirgt. 4 Jahre zuvor hatte ich dort eine überfahrene Anakonda gefunden und eine weitere beim Überqueren einer Straße gefangen. Überhaupt war dies mein erster Kontakt mit einer Anakonda in freier Natur – der Beginn einer langen Forschungszeit.
Obwohl ich 1998 die Gegend, wo ich meine erste Anakonda gefangen hatte, tagsüber und nachts immer wieder durchsuchte, fand ich weder Anakondas noch Spuren von ihnen, bis auf einen Fetzen einer ehemals überfahrenen Anakonda. Auch fuhr ich zu jeder Tageszeit regelmäßig die Straßen durch die Feuchtsavanne ab. Die Bewohner versicherten mir, dass Anakondas dort nicht selten sind. Erst am allerletzten Tag überquerte eine Beni-Anakonda die Straße, fast an derselben Stelle wie 1994. Und wie damals gelang es mir, das knapp 2 m lange Tier zu fangen, bevor es im Wasser neben der Straße verschwinden konnte. Es war, wie damals, vormittags gegen 10 Uhr, eine Zeit, in der ich Wochen zuvor stets täglich vergebens auf der Suche gewesen war.

EINE BESONDERE Herausforderung ist es, sich auf die Suche nach einer potenziellen Rekordschlange zu machen. Zum ersten Mal war es im Januar 2000 in Ecuador soweit: Wiederholt gab es Berichte von einer angeblich 10 m langen Anakonda in einem Seengebiet mitten in einem Tieflandregenwald nahe der kolumbianischen Grenze. Eine amerikanische Expedition machte sich auf den Weg, um diese Anakonda aufzuspüren und nach Möglichkeit auch zu fangen und zu vermessen. Mit einer deutschen »Filmcrew« hatte ich das Glück, mich der Expedition anschließen zu können. Wir konnten es nicht fassen, als wir direkt am ersten Tag eine 5 m lange Anakonda fingen, die wir in einem umgestürzten, hohlen Baumstamm einer großen, alten Akazie entdeckten (siehe Fotos Seite 53).
Zunächst scheiterten alle Versuche, sie dort herauszubekommen. Für einen Schlangenhaken war sie viel zu groß, und auf Hämmern gegen den hohlen Stamm reagierte sie nicht. Nähern konnte man sich ihr nur, indem man in den hohlen Baumstamm kroch und sich in den Bereich ihres riesigen Mauls begab, wozu niemand ernsthafte Lust verspürte. Erst als die Anakonda später die Baumhöhle verließ und sich im Wurzelwerk der Akazie in den Schlamm drückte, konnten wir sie fangen. Dazu mussten wir ihr aber regelrecht hinterhergraben. Erst später wurde uns bewusst, dass die Anakonda ca. 45 Minuten ohne Atemluft unter dem Grundwasserspiegel gewesen war und dabei auch noch gegen uns angekämpft hatte. Eine überaus beeindruckende Leistung dieser »nur« 5 m langen Anakonda.

Nur in einer Gruppe ist es möglich eine Schlange dieser Größe ohne spezielle Hilfsmittel einzufangen. Bei der Vorstellung, womöglich beim Waten in den Gewässern oder beim Überqueren der kleinen Flüsse und Kanäle einer 10 m langen Anakonda zu begegnen, wurde uns durchaus mulmig, und wir beschlossen, generell dicht zusammenzubleiben. Aber mit dem Fang dieser einen Anakonda verließ uns das Glück, und es nützte auch nichts, dass wir mit immerhin 12 Leuten wiederholt die Gegend absuchten, dabei alle Baumhöhlen kontrollierten und mit Kanus die Uferränder abfuhren.

*

HAT MAN KEINE glaubhaften Berichte von einem besonders großen Exemplar, stellt sich zunächst die Frage, in welchem Land oder in welchem Lebensraum nach Riesenschlangen gesucht werden soll. Man sollte, wenn möglich, eine Region auswählen, die nicht vom Menschen bejagt wird oder anderen Einflüssen der Menschen unterliegt. Je geringer diese Einflüsse, desto größer ist die Wahrscheinlichkeit, ein besonders großes Individuum zu finden. Wissenschaftler oder Schlangenexperten in dem jeweiligen Land können erste Hinweise auf besonders große Exemplare liefern, denn es ist eher selten, dass Sichtungen von angeblichen Rekordschlangen bis über die Landesgrenzen hinaus bekannt werden. Eine besondere Rolle spielt ein guter Kontakt zur lokalen Bevölkerung, deren Ortskenntnis von unschätzbarem Wert ist. Für den geplanten Aufenthalt ist es natürlich von großer Bedeutung, im Vorfeld möglichst viele Erkundigungen über das Reiseziel und den Beobachtungsort anzustellen.

*

WEITER IST ES wichtig, sich über die klimatischen Verhältnisse vor Ort zu informieren. So meidet man möglichst die Regenzeit, wenn die Straßen überflutet und unbefahrbar werden und die Flüsse über die Ufer treten. In der Trockenzeit ziehen sich die wasserliebenden Riesenschlangen in die verbleibenden Gewässer zurück, die gegenüber der Regenzeit oft um ein Vielfaches kleiner geworden sind, wodurch die Chance z. B. eine Anakonda zu finden, prinzipiell wesentlich größer wird. Andererseits ziehen sich auch Anakondas in der Trockenzeit gerne in Baumhöhlen oder Erdlöcher der Uferränder zurück. Man sollte zudem bedenken, dass in Südamerika die Regenzeit nicht in jedem Land zur gleichen Periode und in gleicher Intensität ausgeprägt ist.
Eine der besten Reisezeiten ist sicherlich die der Paarung, welche bei vielen in den Tropen lebenden Reptilienarten zum Beginn der Regenzeit liegt. Insbesondere die Männchen sind dann auf Partnersuche und mehr unterwegs als sie es normalerweise tun – ihr Aktivitätsradius vergrößert sich also deutlich. Tatsächlich ist der Glücksmoment groß, wenn man auf sich paarende Anakondas trifft. In den Überschwemmungssavannen (Llanos) von Venezuela hat

UNTEN: **Es Bedarf schon einer gehörigen Portion Glück, um auf einer Expedition die Paarung der erheblich kleineren Männchen mit einem großen Weibchen zu entdecken.**

man besonders im April gute Chancen, einen so genannten Mating-Ball sehen zu können (siehe Fotos S. 17 und 91). In diesen Llanos fand übrigens die größte Langzeitstudie zur Lebensweise der Anakondas statt. Aus eigener Erfahrung weiß ich, dass es in charakteristischer Regenwaldvegetation hingegen um ein Vielfaches schwieriger ist, die Schlangen aufzuspüren.

JE NACH KLIMATISCHEN Verhältnissen sind die Großen Anakondas nachtaktiv, was ein Auffinden erheblich erschwert. Was liegt also näher, als es mit Fallen zu probieren. Im August 2003 begab ich mich mit dem aus der Serie »O'Shea's Big Adventure« bekannten Engländer Mark O'Shea und seinem Kamerateam auf eine Expedition nach Peru. Die Serie war in Deutschland bisher leider nur im Pay-TV zu sehen. Im Voraus beschlossen wir den Bau von Fallen für Anakondas in Auftrag zu geben, um uns in Peru auf die eigentliche Suche und das Filmen konzentrieren zu können. Als Vorbild sollten dafür die von Mark Auliya entwickelten Kastenfallen mit Reuseneingängen dienen, mit denen er erfolgreich Netzpythons in Indonesien gefangen hatte (siehe Foto S. 96). Diese schwimmen auf einem Floß im Wasser und sind so hervorragend an spontane Wasserstandsschwankungen angepasst. Wie bei Fisch- oder Hummerreusen gelangen die Schlangen in den Innenraum der Falle und kommen danach nicht mehr hinaus. Im Inneren der Falle befindet sich als Köder ein lebendiges Huhn.
Als wir dann das Untersuchungsgebiet in Peru erreichten, in dem eine besonders große Anakonda bereits Menschen angefallen haben sollte, trauten wir unseren Augen nicht, als wir die Falle sahen: Anstatt einer reusenartigen Öffnung war sie nach dem Prinzip einer Säugetierfalle gebaut worden. Bei Berührung eines Auslösemechanismus fällt dabei das Eingangstor nach unten. In der überdimensionalen Falle aus dicken Ästen hatte dieses Eingangstor ein Gewicht von sicherlich 50 kg. Für einen Jaguar wäre diese Falle sicherlich geeignet gewesen, einer langen Anakonda aber würde beim Herunterfallen die Wirbelsäule zerschmettert werden. Wir mussten also zunächst Reusenöffnungen in die Falle einbauen. Leider hatten wir in der verbleibenden Zeit keinen Erfolg mehr mit dieser Falle.

EINE WEITERE FALLE war am Uferrand eines Sees aufgebaut worden, in dem eine große Anakonda 2 Menschen erdrosselt haben soll. Diese Falle war 10 m lang und ebenfalls mit einem herunterfallenden Eingangstor versehen. Am anderen Ende der Öffnung wurde ein Huhn in einem kleinen separaten Käfig gehalten und der Auslösemechanismus festgemacht. Bei 10 m Entfernung vom Auslösemechanismus zum Tor konnten wir das Falltor dieser Falle belassen, denn wir rechneten nicht mit einer 10-m-Rekord-Anakonda, obwohl uns versichert wurde, dass die dortige Anakonda »25 m« lang sein solle. In dieser Falle hatte das Huhn weniger Glück, denn bei einer Fallenkontrolle war diese leer. Der Mechanismus war jedoch nicht ausgelöst worden. Hier muss ein kleiner Räuber, vielleicht eine geschickte Marderkatze, z. B. ein Jaguarundi, durch die Gitterstäbe gekrochen sein und sich über das Huhn hergemacht haben. Somit hatten wir auch mit dieser Falle letztlich keinen Erfolg.

AUCH DIE SUCHE mit 15 Männern in 2 Sumpfgebieten blieb erfolglos, obwohl wir uns hier große Hoffnungen gemacht hatten, denn in weitflächigen Grasmatten waren eindeutige Kriechspuren von Anakondas zu erkennen. Es war also an der Zeit, unseren letzten Trumpf auszuspielen: Ein aus England stammendes High-Tech-Sonar-

Immer wieder dringen Berichte von außergewöhnlich großen Anakondas bis weit über Südamerika hinaus. Auch in diesem See mitten im peruanischen Amazonien soll eine 10 m lange Anakonda leben (oben links). Mit einer englischen Filmcrew ist der international bekannte Herpetologe Mark O'Shea (oben rechts) mit dem Autor Lutz Dirksen auf die Suche nach dem Ausnahmeexemplar für den englischen TV-Kanal Animal Planet gegangen. Dabei ist neben einer Falle an Land auch eine schwimmende Falle zum Einsatz gekommen (Mitte links). Ein Schamane hat die Expedition begleitet und sitzt mit Mark O'Shea in einem Boot auf dem Anakondasee, um unsere Suche nach dem großen Tier zu segnen (Mitte rechts). An einem anderen Tag wird ein Sumpfgebiet mit 15 Leuten durchsucht, nachdem dort zuvor eine breite, sich schlängelnde Spur einer Anakonda entdeckt worden war (unten).

gerät. Dieses Gerät wird gewöhnlich eingesetzt, um Fische unter Wasser zu orten. Sogar die ungefähre Größe jedes Unterwassertieres, welches sich allerdings nicht auf dem Boden befinden darf, wird angezeigt. Wir beschlossen also, es auf dem See einzusetzen, in dem die oben erwähnte Große Anakonda sein sollte. Leider funktionierte das Sonar nicht wie erwartet. Um es auszutesten, tauchte O'Shea im See unter dem Sonar entlang. Wieder bekamen wir kein sinnvolles Signal und brachen schließlich die Suche ab. Später erst wurde uns klar, dass das Sonar nicht für Tiefen oberhalb 3-5 m geeignet war und uns somit für unsere Suche nach der großen Anakonda nicht helfen konnte. Ich fand es aber dann bemerkenswert, dass keine Anakondas vor die Kamera gelegt wurden, um einen großen Fund zu simulieren. Nichtsdestotrotz zeigt der Film eine spannende und informative Suche nach der größten Schlange der Welt.

Moderne Feldforschung: Aktuelles zu Tiger-, Netz- und Felsenpython

von Mark Auliya

FORSCHUNGEN ZU DEN 3 großen *Python*-Arten sind insgesamt sehr facettenreich, denn gerade diese Arten bieten allerhand Potenzial, das es zu erforschen gilt. Alleine ihrer Großwüchsigkeit wegen ergeben sich viele Fragestellungen hinsichtlich der Beutewahl, des Beutefangs und der Ernährung und damit einhergehend ihrer Energieumsätze und des Wärmehaushaltes (Thermoregulation).

Ein anerkanntes biologisches Konzept besagt, dass sich Arten mit gleichen biologischen Ansprüchen gegenseitig ausschließen. Wenn also der Netzpython mit dem Tigerpython in demselben Gebiet vorkommt, dann werden die beiden unterschiedliche ökologische Nischen beanspruchen, denen sie jeweils optimal angepasst sind. Für die Forschung interessant sind aber auch die Bedingungen innerhalb einer Art, um geografische Variationen in ihren jeweiligen Lebensgemeinschaften in bestimmten Lebensräumen zu untersuchen.

*

IN JÜNGSTER ZEIT wurde vermehrt Grundlagenforschung am Netzpython innerhalb von Freilandstudien und Untersuchungen in lokalen Schlachthäusern, sogenannten Abdeckereien, für Riesenschlangen Indonesiens durchgeführt. Während im Freiland überwiegend die Struktur der Populationen untersucht wurde, diente die Datenaufnahme in den Schlachthäusern der Aufnahme von Messdaten zu Morphometrie, Reproduktionsbiologie sowie den Fressgewohnheiten. Die Ergebnisse solcher Studien liefern Basisdaten, um Empfehlungen für einen nachhaltigen Handel, bei dem die Populationen nicht über ein akzeptables Maß hinaus geschwächt werden, formulieren zu können (vgl. Kapitel 10). Nachfolgend werden einige der aktuelleren Forschungsaktivitäten über die 3 Pythonarten vorstellt.

*

FORSCHUNGSARBEITEN an den großen *Python*-Arten finden nicht nur im Freiland, sondern auch im Labor statt. Dabei stehen z. B. Fragestellungen hinsichtlich der Verdauungsleistung auf unterschiedlich große und schwere Beute im Vordergrund. Alle 3 Arten, *Python sebae*, *P. molurus* und *P. reticulatus* sind in der Lage, ihre Verdauungsleistung auf das jeweilige Futterangebot anzupassen. Eine Studie widmet sich sogar der Frage nach dem Bewegungsmuster des Zuschnappens; dabei wurden die zugrunde liegenden Filmsequenzen in Zeitlupengeschwindigkeit aufgenommen, um den Öffnungswinkel des Mauls und die Art und Weise, wie die Zähne die Beute ergreifen, zu dokumentieren. In diesem Zusammenhang wurde auch diskutiert, inwiefern die Zähne beim weiten Öffnungswinkel des Mauls während des Zuschnappens das Opfer »erstechen«.

*

NEUERE FREILANDÖKOLOGISCHE Studien zum Felsenpython untersuchen und vergleichen beispielsweise die Nahrungspräferenzen in Stadtrandgebieten mit denen in natürlichen, das heißt vom Menschen kaum veränderten Lebensräumen. Hier steht sicherlich die Frage nach bestimmten veränderten Anpassungsmechanismen im Vordergrund. Auch wurden Feldstudien zum Nördlichen Felsenpython *(Python sebae)* in Kamerun medienwirksam an die Öffentlichkeit gebracht. Internationale Naturschutzorganisationen in Begleitung von »National Geographic Television (NGT)« dokumentierten eindrucksvoll das Aufspüren und Fangen von Felsenpythons in den Savannen Kameruns. Die darin traditionell überlieferten Fangmethoden des Gbaya Volkes – das Hineinkriechen in Tunnelsysteme unter der Erde, in einer Hand eine brennende Lunte, die den Python ablenken soll, während die andere mit einem Fellstreifen einer Antilope geschützte Hand den Felsenpython hinter dem Kopf packt – dienen vor allem der Selbstversorgung mit Fleisch und dem Verkauf der Haut.

OBEN: **Bei der Markierung eingefangener Netzpythons auf der indonesischen Insel Kalimantan wurden einzelne Bauchschuppen nach einem Zahlencode mit einer Kerbe markiert.**

Am Tele-See in der nördlichen Demokratischen Republik Kongo bedachte die Wildlife Conservation Society wiederum mit einem Team von »National Geographic Television (NGT)« die Brutbiologie des Felsenpythons. Im Rahmen einer Untersuchung zum Konsumverhalten lokaler Volksgruppen im südwestlichen Kamerun wurden verhaltensökologische Studien, u. a. am Felsenpython, durchgeführt, der in dieser Region zu den intensiv genutzten Reptilienarten gerechnet wird. Eine Doktorarbeit berichtet über die Kleinlebensräume im Keoladeo-Nationalpark, Rajasthan (Indien), die der Helle Tigerpython *(Python m. molurus)* zur »Überwinterung« auswählt. Dabei galt es festzustellen, welche Faktoren dieser Python für seine unter der Erde befindlichen Auf-

OBEN: **Mit diesem bei Hochwasser schwimmenden Fallentyp hat der Autor Mark Auliya in Indonesien Netzpythons und Warane gefangen. Die räuberischen Reptilien gelangten durch ein Reusensystem ins Innere der Falle, angelockt von einem Huhn.**

enthaltsräume bevorzugt. Bei gleicher Unterart wurde das Aktivitätsmuster in einem festgelegten Untersuchungsgebiet aufgenommen. Jeder Beobachtung, auf ebenfalls festgelegten Transekten, wurden die jeweiligen mikroklimatischen Verhältnisse in der Trocken- und Regenzeit zugrunde gelegt. Um erfolgreich Untersuchungen zur Populationsdichte vornehmen zu können, erkannte man als geeignete Methode zur Wiedererkennung nach einem Fang von *Python m. molurus* das individuelle Zeichnungsmuster jedes einzelnen Exemplars.

EINE LANGZEIT-FELDSTUDIE am Netzpython in Borneo konnte in mehreren Aspekten für die Feldforschung gewinnbringende Erkenntnisse liefern. Die in Kapitel 1 schon vorgestellten Sinnesleistungen des Netzpythons wurden für den Fang jener optimal genutzt. Da erstmalig die Populationsgröße einer Wildpopulation von *Python reticulatus* in einer Sumpflandschaft bestimmt werden sollte, konzipierte ich eine auf einem Floß schwimmenden Falle, die sich an die fast täglich schwankenden Wasserstände hervorragend anpassen konnte. Dieser Prototyp einer Pythonfalle war das Resultat zahlreicher zuvor uneffektiver Fangmethoden. Um den Netzpython anzulocken wurde ein lebendiges Huhn in die Falle gegeben. Selbst bei Hochwasser, bei dem die Falle nur schwimmend erreicht werden kann, gelang es, Netzpythons zu fangen. Innerhalb der gleichen Feldstudie, bei der die Netzpythons markiert und am Fangort wieder freigelassen wurden, konnte ein für Populationsstudien wichtiges Merkmal erkannt werden, mit dem sich jeder Python individuell identifizieren lässt: Auf der Unterseite des Schwanzes befinden sich die sogenannten Subcaudalia. Diese sind in unterschiedlicher Reihenfolge entweder paarig oder unpaarig angeordnet. Diese spezifische individuelle Schuppenanordnung wird auf einem Felddatenblatt vermerkt und mit jedem weiteren Fang abgeglichen.

*

FORSCHUNGSBEDARF gibt es nach wie vor zu zahlreichen Aspekten. Ein besonderes Interesse gilt der Frage, welche Faktoren es den beiden Arten *Python molurus bivittatus* und *Python reticulatus* ermöglichen, in einigen Regionen gleichzeitig unter sehr ähnlichen biologischen Umständen vorzukommen. Dabei wäre vor allem die Größe der Aktivitätsräume beider Arten interessant. Dies würde sich über die Radio-Telemetrie-Methode klären lassen, bei der z. B. ein Python mit einem

Sender ausgestattet wird, der entweder operativ in die Körperhöhle eingebettet wird, oder, wie schon bei der Großen Anakonda angewandt, durch Zwangsfüttern mit einem toten Beutetier, in das zuvor der Sender hereingedrückt wurde. Letztere Methode hat den Nachteil, dass der Sender nach dem Verdauungsprozess wieder ausgeschieden wird und so nur für einen kleinen Zeitraum Daten gewonnen werden können; andererseits aber muss das Tier nicht im feuchtschwülen Klima operiert und somit der Gefahr einer Infektion ausgesetzt werden. Die Signale des Senders werden dann über die Antenne an einen Empfänger (Receiver) übermittelt, sodass z. B. täglich zurückgelegte Distanzen der Schlange festgestellt werden können. Diese Radio-Telemetrie-Methode wurde bereits erfolgreich mit der Großen Anakonda in Venezuela und der Paraguay-Anakonda in Argentinien durchgeführt (siehe Foto unten). Die offenen Sumpflandschaften hatten den Vorteil, dass die Signale einwandfrei empfangen werden konnten, während die Sendefrequenzen in einem bewaldeten Untersuchungsgebiet mit geschlossenem Baumkronendach beeinträchtigt sind.

*

DES WEITEREN sollte der Frage nachgegangen werden, ob ein Sozialverhalten z. B. bei *Python molurus*, das diese Art in Terrarienhaltung zeigt, auch im Freiland zu beobachten ist. Insgesamt gäbe es zahlreiche verhaltensökologische Fragestellungen, die im Freiland erforscht werden könnten. Gerade im Zeitalter der rapiden Zerstörung von natürlichen Lebensräumen wird immer mehr deutlich, dass viele Organismen eine zentrale Rolle in ihrem Ökosystem spielen. Dabei sind vor allem solche Resultate aus Freilandstudien elementar, die den Beutegreifer, hier z. B. Netzpython, als hochwirksamen natürlichen Fressfeind von Ratten erforschen und verstehen. Hier gibt es also einen direkten Zusammenhang zwischen Forschung, Artenschutz und einem effektiver Schutz der regionalen Bevölkerung vor getreidevernichtenden Ratten.

Ganz aktuell finden Feldstudien zum Netzpython in Südostasien statt, die seine Rolle als intensiv genutztes »Lederwarenprodukt« auf seinen Bestand hin eruieren sollen. Dabei gilt es eine Methode zu entwickeln, die einen nachhaltigen Handel zulässt, ohne dass der Netzpython mit seinen lokalen Populationen gefährdet wird. Dabei sind Ökonomie und Ökologie eng miteinander vernetzt, vor allem aber stehen dabei die politischen Interessen im Vordergrund.

UNTEN: **Über einen Sender wird eine Paraguay-Anakonda *(Eunectes notaeus)* im argentinischen Forschungsprojekt vom Biologen Tomas Waller in den Ibera-Sümpfen angepeilt.**

Kapitel 7

Übergriffe von Riesenschlangen auf Menschen – das Wissen um die Gefahr

LINKS: Ein junger Netzpython droht mit weit geöffnetem Maul. Schön zu erkennen sind die Gruben in den Lippenschuppen, ein Sinnesorgan, mit dem feinste Temperaturunterschiede analysiert werden können.

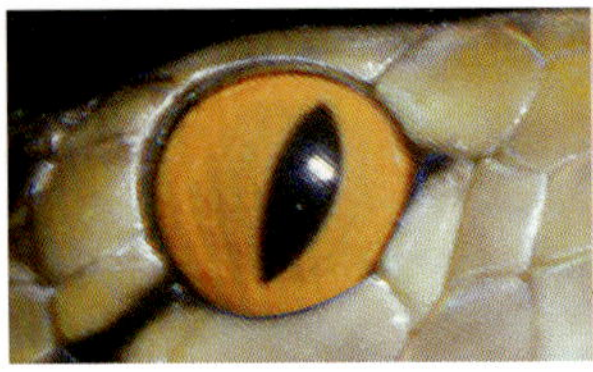

Aus dem Horrorkabinett der Schlangen

von Lutz Dirksen

DIE ÄNGSTE fast aller Menschen vor Schlangen sind vielfältiger Natur. Jedem ist bekannt, dass es Schlangenarten gibt, die tödlich giftig sind. Sicher ein guter Grund, ihnen ohne spezielle Kenntnisse in der Natur nicht zu nahe zu treten. In der christlichen Religion verkörpert die Schlange sündhafte Verführung bzw. das Böse im Paradies. Deshalb schritt sogar Gott höchstpersönlich ein, um den Störenfried zu bestrafen. Er sprach: »Weil du das getan hast, verflucht seiest du unter allem Vieh und unter allen Tieren des Feldes. Auf deinem Bauch sollst du kriechen und Staub fressen alle Tage deines Lebens« (Genesis 3,14 f.). So muss es ja dann wohl auch geschehen sein, wenngleich nicht mit letzter Konsequenz. Den Riesenschlangen sind bekanntlich Beinrudimente geblieben, die ausgerechnet bei der doch so sündhaften Paarung eine gewisse Rolle spielen.

*

EINIGEN »LISTIGEN« Schlangen, des Bauchkriechens müde, ist es gelungen, sich in den tropischen Meeren zu Hause zu fühlen, andere klettern durch die Kronen der Urwaldriesen. Die Drohung mit dem »Staubfressen« haben die Schlangen anscheinend auch nicht so ernst genommen, bevorzugen sie doch proteinhaltigere Nahrung in Form von im Ganzen verschlungenen Wirbeltieren. Und genau hier besteht ein weiterer Grund, sich zu fürchten, der unserem westlichen Kulturkreis jedoch lange erspart geblieben ist: die Angst, zwischen den Körperschlingen einer Riesenschlange zermalmt und in einem Stück heruntergeschlungen zu werden. Die europäischen und nordamerikanischen Schlangen sind einfach zu klein dafür. Dieses änderte sich zunehmend mit dem Import von Riesenschlangen, der ungebrochenen Reiselust in Länder mit potenziellen »Erwürgern und Verschlingern« und natürlich durch die modernen Medien.

*

ABER WIE GEFÄHRLICH sind sie wirklich und wie groß kann eine Beute sein, um verschlungen zu werden?
Immerhin sind ja auch größere Tiere gefressen worden. Beispiele, die dies bezeugen, sind sogar relativ zahlreich: So verleibte sich z. B. ein 37 kg schwerer Felsenpython eine junge 35 kg schwere Impala-Antilope ein. Eine weitere junge Impala-Antilope verschlang ein Südlicher Felsenpython aus Botswana, wozu er gerade mal 50 Minuten brauchte. Das Erlegen von sehr wehrhafter Beute belegt ein Ereignis aus dem Jahre 1999, in dem in Borneo ein 6,95 m langer Netzpython einen 23 kg schweren Malaienbären *(Helarctos malayanus)* erbeutete. Große Felsen- und Netzpythons sollen wenigstens Beutetiere von 50 kg verschlingen können. Anakondas sollen schon junge Rinder von mindestens 55 kg Gewicht gefressen haben. Auch Leoparden sind nachweislich genauso von Riesenschlangen getötet und verschlungen worden wie Kaimane von mehr als 2 m Länge.

*

DABEI BEISST die Riesenschlange zunächst kräftig zu. Die spitzen, nach hinten gebogenen Zähne ermöglichen der Schlange einen festen Halt an der Beute. Als Nächstes schlingt sie sich katapultartig um den Körper des Opfers und drückt zu.

Beim Ausatmen zieht die Schlange ihre Schlingen dann enger, bis das jetzt wehrlose Tier nicht mehr atmen kann und der Tod durch Atemstillstand eintritt. Viele Knochen werden dabei im Allgemeinen nicht gebrochen, wie fälschlicherweise oft vermutet wird. Der Fressakt erfolgt üblicherweise vom Kopf des Opfers aus und kann mehrere Stunden andauern. Nach dem Fressen von großer Beute ziehen sich Riesenschlangen für Wochen oder gar Monate in ein Versteck zurück, um in Ruhe zu verdauen – und weil sie sich mit einer solchen Masse im Körper kaum gegen potenzielle Angreifer verteidigen können.

*

OHNE ZWEIFEL sind Riesenschlangen auch in der Lage, erwachsene Menschen mit ihren ungeheuren Kräften zu erdrosseln, wie dies gelegentlich in der Natur und bei unvorsichtiger Haltung in Gefangenschaft geschehen ist. Die Frage stellt sich nun, ob man tatsächlich den überlieferten Geschichten oder den Medien Glauben schenken soll, die von »menschenfressenden« Riesenschlangen berichten?

Einem mündlichen Bericht zufolge soll z. B. ein 13-jähriger Junge am Rio Napo in Peru plötzlich unter Wasser verschwunden sein, woraufhin sein Freund an der Stelle tauchte, um zu ergründen, was mit ihm geschehen war. Kurz darauf eilte Letzterer, bleich vor Entsetzen, an Land, denn er hatte im Wasser eine riesige Anakonda berührt. Der 13-jährige Junge blieb verschwunden, bis der suchende Vater am nächsten Tag die halb im Wasser liegende Anakonda und seinen toten Sohn fand, der von der Schlange aus unerklärlichen Gründen wieder ausgewürgt worden war. 2 weitere Personen sollen zuvor bereits von dieser Anakonda gefressen worden sein. Natürlich erschoss der Vater die riesenhafte Anakonda. Diese Geschichte ist repräsentativ für zahlreiche andere, deren Wahrheitsgehalt nicht zu überprüfen ist.

OBEN: Diese Netzpython mit prall gefülltem Magen von der Insel Sulawesi/Indonesien hatte den Fang durch Einheimische nicht überlebt. Der Autor Mark Auliya berichtet, dass der Mageninhalt aus einem ausgewachsenen Keiler des Sulawesischweines bestand.

Das Beispiel mag komplett der Fantasie entsprungen sein, kann aber auch den Tatsachen entsprechen.

*

DIE HORRORSTREIFEN »Anaconda« und »Anacondas – Die Jagd nach der Blutorchidee« verdeutlichen die Aktualität dieses Themas. Im ersten Film verschlingt eine übernatürlich große Anakonda im Verlauf der Handlung die halbe Besatzung eines kleinen Amazonasdampfers in rekordverdächtiger Zeit. Dazu doziert ein Schauspieler »wissenschaftlich«, um der breiten Zuschauermasse den letzten Zweifel zu nehmen, sodass nur echte Schlangenexperten Wahrheit von Fiktion unterscheiden können. An dieser Stelle soll erneut klar gestellt werden, dass Anakondas keine 15–20 m lang werden, wie im Film dargestellt, dass sie keine gutturalen Laute von sich geben, bei über 5 m Länge an Land eher plump und langsam sind und nicht mit dem Schwanz peitschen können. Im Übrigen kommen Anakondas nicht in Borneo (Südostasien) vor, wie

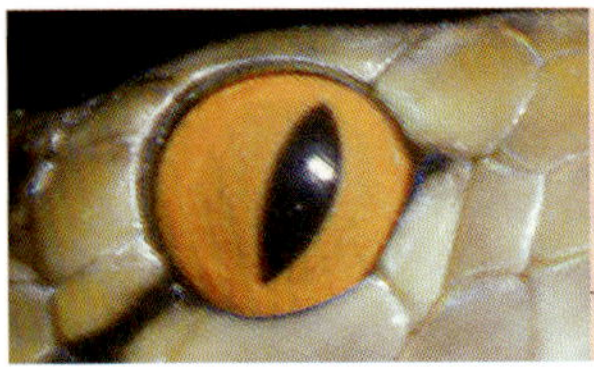

im zweiten Film gezeigt, sondern ausschließlich auf dem südamerikanischen Kontinent.

*

WOHL KAUM JEMAND kann sich von einem Schauergefühl freisprechen, wenn in der Regenbogenpresse wieder mal eine große Riesenschlange mit aufgeblähtem Bauch abgebildet ist, die einen Menschen mit Haut und Haaren verschlungen haben soll. Handelt es sich bei dem Mageninhalt der Riesenschlange aber wirklich um einen Menschen oder »nur« um ein ähnlich großes Säugetier, das zur Beute wurde? Ist es nicht sogar so, dass gerade dieses »Nichtwissen« die Vorstellungskraft in Gang setzt und den Schauder verstärkt? Sicherlich wurde in den meisten Fällen nur ein großes Tier gefressen. Eine glaubhafte, nachvollziehbare Dokumentation in Form von Foto- oder Filmmaterial oder glaubwürdigen Zeugen ist zumeist nicht vorhanden.

*

SEIT EINIGER ZEIT wird über das Internet Bildmaterial von Riesenschlangen verbreitet, die Menschen gefressen haben sollen, der Fotograf oder Schreiber wird indes nie erwähnt! Auf einigen Bildern sieht man die eingefangene, festgebundene Schlange mit aufgeblähtem Bauch nach dem Mahl einer großen Beute auf der Ladefläche eines Kleinlastwagens liegen. Diese Bilder sind ohne Zweifel authentisch. Jedoch ein weiteres Foto zeigt dann die Schlange mit aufgeschnittenem Bauch, aus dem ein erwachsener Mann zum Vorschein kommt. Der Echtheit dieses Fotos lässt sich bei den heutigen Möglichkeiten, Bilder zu manipulieren, zunächst nur schwer nachvollziehen. Jedoch verwundert es, dass der leblose Körper des Mannes kaum eingespeichelt ist und der Verdauungstrakt der Schlange wie zuvor ausgenommen aussieht (Abb. unten). Vor allem aber unrealistisch sind die verschwommenen Übergänge vom Bein des Opfers zur Schlangenhaut, Grund genug anzunehmen, das dieses letzte Bild manipuliert wurde und der Python auf dem Transporter ein anderer ist oder sich in diesem eine Ziege, ein Schwein oder ähnliches befand.

*

DIE OBEN ERWÄHNTEN Bilder wurden auch von der deutschen Regenbogenpresse entdeckt. Das »Münchner Wochenblatt« Nr. 45 vom 8. November 2000 schreibt dazu, dass der Tourist Ernst Bauer in Peru mit dem dschungelerfahrenen Biologen Fernando Bocanegra einen Ausflug unternommen habe. Dabei wären sie auf eine erregte Menge gestoßen, die um einen Kleinlastwagen gestanden sei, auf dessen Ladefläche eine 3 m lange Anakonda gelegen haben soll, die einen

Ernst B. (58)
Grausiges Urlaubserlebnis

Kind von Schlange verschlungen

Der Münchner Ernst B. hat als Weltreisender schon viel gesehen. Doch jetzt verfolgt ihn ein Erlebnis: Er sah einen Toten in der Schlange. Grausam. Lesen Sie mehr darüber im Innenteil!

RECHTS: Gerne werden »Horrorbilder« von der Regenbogenpresse zu Sensationsmeldungen verarbeitet wie bei dieser Ausgabe des »Münchner Wochenblattes«. Für einen Herpetologen ist allerdings leicht zu erkennen, dass die Geschichte von dem Redakteur erfunden wurde.

LINKS: **Dieses Bild wird oft in Zusammenhang mit dem vorherigen Foto gezeigt. Es ist jedoch nicht nachvollziehbar, dass tatsächlich ein Mensch Opfer dieses Pythons wurde.**

unförmig dicken Bauch hatte. Der Biologe Bocanegra soll daraufhin sein Messer gezogen und den Bauch der Schlange geöffnet haben. Ein Junge soll hervorgequollen sein, und selbst die hartgesottensten Männer hätten sich abwenden müssen.

*

DER AUFMERKSAME Leser wird sicher bemerkt haben, dass diese Geschichte angezweifelt wird, obwohl ein deutscher Augenzeuge benannt und ein erfahrener peruanischer Biologe zugegen war. Nun, wenn man sich lediglich die Riesenschlange auf den Fotos etwas näher anschaut und mit irgendeinem Bild einer Großen Anakonda vergleicht, wird man feststellen, dass es sich nicht um eine Anakonda handelt. Auf den Fotos ist eindeutig ein Netzpython zu sehen. Was aber macht ein Netzpython, der ausschließlich in Asien vorkommt, am Amazonas in Peru? Warum fällt dem doch so dschungelerfahrenen Biologen Bocanegra nicht auf, dass dies keine Anakonda ist? Die Antwort ist einfach: Die gesamte Story entstammt der Fantasie eines Redakteurs. Tatsächlich werden solche Bilder im Internet weitergegeben und die darauf abgebildeten Schlangen von unwissenden Leuten gar zu häufig als Anakondas bezeichnet. Der Schreiber des Artikels hat sich nicht einmal die Mühe gemacht, seriös zu recherchieren und z. B. ein Buch über Anakondas zu Rate zu ziehen. Daher dieser entlarvende Irrtum und auch das Misstrauen gegenüber derartigen Berichten.

*

ÜBER EINEN AUTHENTISCHEN Fall wird am 6. September 1995 in der »New Straits Times« aus Malaysia berichtet, wobei ein 6,65 m langer Netzpython einen zuvor von ihm erdrosselten jungen Mann namens Heng Chuan verschlingen wollte, offensichtlich wohl aber nicht über die Schulterregion kam (Foto S. 104). Der Vorfall ereignete sich in der Nähe von Segamat im Bundesstaat Johor, West-Malaysia. Der Python, der einen Durchmesser von 25 cm hatte und ca. 140 kg gewogen haben soll, wurde während des Schlingaktes in der Nacht überrascht, ließ dann beim lauten Herannahen von Menschen mit ihren zahlreichen Taschenlampen vom Opfer ab, welches bei der anschließenden Autopsie Bissspuren am Bein und gebrochene Knochen aufwies.

Eine malaysische Tageszeitung berichtete am 8. April 1998 über einen tödlichen Vorfall im Dorf Buccal in der Provinz Cavite auf den Philippinen. Opfer war ein 2 Monate altes Menschenbaby, Raul Bacalzo, das im Schlafzimmer schlief, während die Mutter, Marianne Lipos, das Abendessen in der Küche vorbereitete. Dort vernahm sie einen Schrei, eilte in das Schlafzimmer – und ihr Kind befand sich nicht mehr auf dem Bett. Erst einen Moment später bemerkte sie, wie ein Python durch die Hintertür in der Küche das Haus in Richtung Wald verließ. Auch hier wird der aufmerksame Leser sich sicherlich fragen, wieso das Kind so schnell verschwunden war, kurz nachdem die Mutter den Schrei vernahm und herbeieilte.

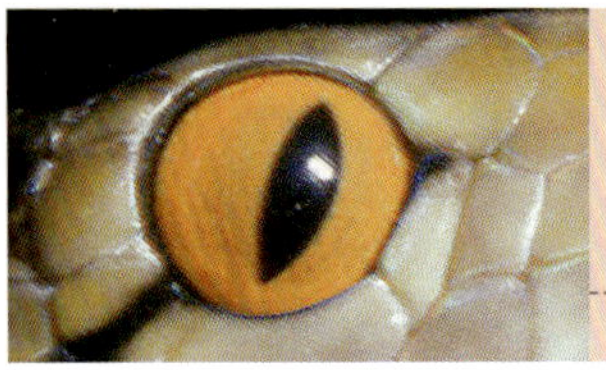

OBEN: **Der Malaie Heng Chuan wurde von einem 7 m langen und 140 kg schweren Netzpython erdrosselt und dieser versuchte daraufhin sein Opfer zu verschlingen. Nach der »New Straits Times« ereignete sich der Vorfall in Malaysia am 6. September 1995 in Tenang bei Segamat.**

Nun kann es sicherlich sein, dass hier der korrekte zeitliche Verlauf der Ereignisse durch die Verbreitung der Pressemitteilung in südostasiatischen Tageszeitungen sozusagen verformt wurde. Außerdem hat der Polizeibericht den zeitlich korrekten Sachverhalt entweder nicht in sein Kalkül gezogen oder die Journalisten haben nicht tiefgründiger recherchiert.

*

IM JAHRE 1929 berichtete Dr. R. Mell in seinem Werk zur Ökologie und Tiergeografie chinesischer Reptilien von einem tödlichen Ereignis, bei dem ein Tigerpython der Akteur war. Er schrieb: »Aus meinem Erfahrungskreise ist mir ein nur etwa 20 Jahre zurückliegender Fall bekannt geworden, dass ein Kind von einem *Python molurus bivittatus* getötet worden ist. Eine Chinesin, die auf einer Insel vor Hongkong (Stonecutters Island) Gras schnitt, hatte ihr Baby auf die Erde gelegt und ein paar Kinder zur Aufsicht dabei gelassen. Eine plötzlich auftauchende große Python verschlang das Kind, ehe jemand Hilfe bringen konnte. Das ist ein sehr seltenes Vorkommnis, im Allgemeinen gehen auch Riesenschlangen den Menschen aus dem Wege.«

Auch im nächsten Beispiel soll eine Riesenschlange, Presseberichten nach, einen Menschen verschlungen haben. Dieses Mal handelt es sich ausnahmsweise um einen Amethystpython. Da man jedoch herausfand, dass der Python einen Wallaby (kleinerer Verwandter der Kängurus) gefressen hatte, war auch dieser Verfasser von Schauergeschichten einfach zu entlarven.

*

DIE NÄCHSTEN BEIDEN Bilder erschienen beide in der »Weekly World News« vom 30. 10. 1990 und 8. 1. 1991 mit jeweils unterschiedlichen Geschichten. Auf dem ersten Bild ist ein Netzpython mit kurz zuvor gefressener Beute zu sehen, hinter dem Japaner mit Tropenhelmen sitzen. Dazu heißt es, eine ca. 8 m lange und 142 kg schwere Anakonda hätte in Amazonien einen japanischen Forscher gefressen. Die Leute im Hintergrund sind jedoch japanische Soldaten aus dem Zweiten Weltkrieg, denen man die Rangabzeichen wegretuschiert hat. Sicher ist die Falschaussage damit begründet, dass sich auch Japaner nicht stolz hinter eine Jagdbeute stellen, in der noch ein toter Kamerad liegt. Obendrein ist gut zu erkennen, dass die Schlange auf dem Bild keine Anakonda, sondern ein Netzpython ist. Hier wird selbst für den Laien ersichtlich, dass die Schlange keine 8 m lang sein kann. Besonders dreist jedoch ist, dass man sich nur 3 Monate später desselben Fotos bediente und die Schlange vor einen anderen Hintergrund setzte. Dieses Mal soll der übrigens richtig identifizierte Netzpython 6 menschliche Säuglinge gefressen haben, aber nur ca. 4 m lang sein. Es erübrigt sich, näher auf das Bild einzugehen, denn inzwischen tauchte ein weiteres Foto auf, in dem die Schlange geöffnet wurde und ein kleiner Hirsch zum Vorschein kam.

*

DIE OBEN GESCHILDERTEN Fälle verdeutlichen, dass höchste Vorsicht geboten ist, bevor man derartige Bilder und die Geschichte dazu als wahr akzeptieren sollte. Dies ist besonders schwierig in Fällen von frei lebenden Riesenschlangen, da gute Beweise, wie eine Autopsie des Opfers, der Name des Fotografen, glaubwürdige Zeugen oder der Name des Opfers fast immer fehlen.
Interessanterweise tauchte im Internet und in der Presse ein weiteres Bild auf, das am 6. März 1998 aufgenommen wurde, und bei dem eine einigermaßen glaubhafte Quelle bekannt ist. Es zeigt wiederum einen aufgeschnittenen Netzpython mit einem darin enthaltenen Mann (Foto S. 106). Dieses Bild ist nicht nur wegen der bekannten Quelle glaubwürdiger, sondern auch durch das T-Shirt und die Hose des Mannes, die durch die starke Magensäure des Pythons bereits hell verfärbt sind. Zu den Geschehnissen vom März 1998 heißt es, dass der Mann auf der Philippineninsel Mindoro abends zu einer Höhle in den Wald gegangen sei, um Fledermäuse zu fangen, die in dieser Region konsumiert werden. Die Bewohner des nahen Dorfes hörten aus der Ferne bei hereinbrechender Dunkelheit Hilfeschreie, trauten sich jedoch in der Nacht nicht in den dichten, gefährlichen Wald hinaus. Am frühen Morgen wurde der vermisste Mann dann gesucht, und eine Blutspur führte zu einem Gebüsch, unter dem ein über 7 m langer Netzpython mit prall gefülltem Leib lag. Die Riesenschlange wurde getötet und aufgeschnitten. Die Leute mussten feststellen, dass ihre schlimmsten Befürchtungen zutrafen: Im Verdauungstrakt fanden sie den Mann inmitten schleimiger Verdauungssäfte.
Die Haut war bereits angeätzt, und ein bestialischer Gestank soll sich verbreitet haben. An seinem linken Fuß befanden sich Bissspuren. Es ist nicht nachvollziehbar, ob der Netzpython zugebissen hat, um sich zu verteidigen, weil der Mann der Schlange im Dunkeln zu nahe gekommen war, oder ob der Python bewusst angegriffen hatte, um den Mann zu fressen. Ein Verteidigungsangriff und das Erdrosseln kann nachfolgend auch den Schlingakt ausgelöst haben.

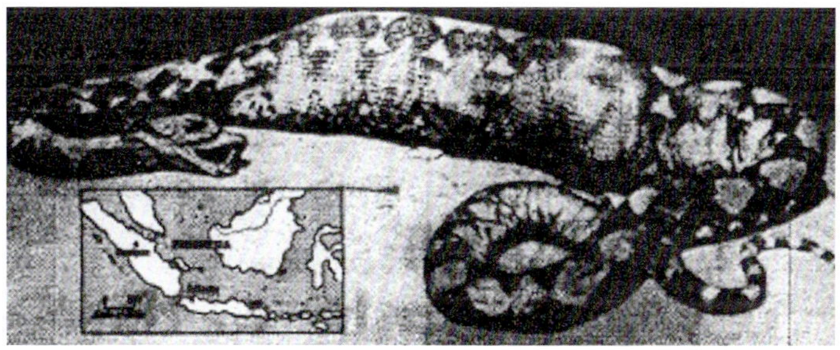

OBEN: Die Zeitungsausschnitte oben zeigen dieselbe Schlange, wurden jedoch in der »Weekly World News« gleich mit 2 verschiedenen Geschichten gebracht, in denen jeweils Menschen Opfer sein sollten.

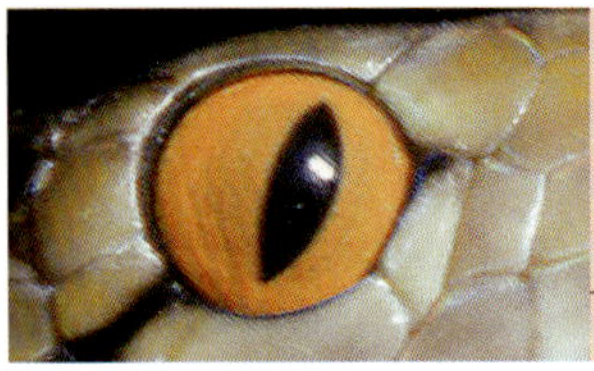

LINKS: **Dieses Bild eines gefressenen Menschen ist authentisch, da die starken Verdauungssäfte des Netzpythons bereits T-Shirt und Hose des Mannes entfärbt haben.**

WENIGER NACHVOLLZIEHBARE Fälle mögen durchaus der Wahrheit entsprechen. Aus Segamat, Malaysia, wird geschildert, dass ein Mann, der abends im Dunkeln hinter seine Hütte gegangen war, um den Generator anzuwerfen, nicht zurückkam. Als sein Bruder schließlich nachschaute, fand er den Vermissten tot in den Schlingen eines 7 m langen und 140 kg schweren Netzpythons, der bereits den Kopf des Mannes verschlungen hatte. Die Geschichte mag zwar wie beschrieben vorgefallen sein, doch dass der Python 140 kg gewogen haben soll scheint übertrieben.

*

NEBEN DER GROSSEN Anakonda und dem Netzpython liegen auch Berichte von Übergriffen des Felsen- und Tigerpythons vor. Im Norden des Transvaal in Südafrika gingen am 2. November 1979 2 junge Viehhüter einen Weg entlang, als einer der beiden plötzlich von einem 4,5 m langen Felsenpython gepackt wurde. Der zweite Junge rannte sofort in das nächste Dorf, um Hilfe zu holen. Als er 20 Minuten später mit 2 Männern zurückkehrte, soll der zuvor angegriffene Junge bereits ganz verschlungen gewesen sein. Weiter heißt es, dass einer der Männer versuchte, den Python mit einem Spaten zu erschlagen, was ihm jedoch nicht gelang. Daraufhin bewarfen die Männer die Schlange solange mit Steinen und Stöcken, bis sie den Jungen wieder auswürgte, der natürlich längst tot war. Der Kopf soll bereits stark eingespeichelt gewesen sein.

*

TATSÄCHLICH SCHEINT es eher die Ausnahme zu sein, dass große Riesenschlangen Menschen als Beute betrachten und diese bewusst angreifen, da verglichen mit anderen gefährlichen Tieren wie Löwen, Tigern, Flusspferden, Krokodilen oder Haien nur wenige Vorfälle bekannt geworden sind. Nach unseren eigenen Erfahrungen sowie denen vieler weiterer Herpetologen und Schlangenfreunde neigen auch große Anakondas und Pythons dazu, sich in der Natur vor dem Menschen zurückzuziehen. Eine Ursache dafür, nicht als Beute angesehen zu werden, könnte in der Höhe der »Aufrechtgehenden« liegen. Problematisch wird es natürlich, wenn man Riesenschlangen solcher Größe zu nahe kommt, da sie zuschnappen und sich daraufhin instinktiv um den vermeintlichen Feind schlingen können, ohne dass eine ursprüngliche Fressabsicht vorliegt. Bei einer ausgehungerten Riesenschlange kann dann nach dem Erwürgen der Fressinstinkt ausgelöst werden. Auch aus der Gefangenschaft sind mittlerweile viele solcher Übergriffe dokumentiert.

*

ES IST SICHER NICHT möglich, in jedem einzelnen Fall den Grund für Attacken von in Gefangenschaft gehaltenen Schlangen auf den Menschen nachzuvollziehen. Der vermutlich häufigste Fehler besteht aber in dem Kontakt des Halters mit Futtertieren und anschließender ungesicherter Nähe zu einer hungrigen Schlange. Offensichtlich verlassen sich die Schlangen beim Beuteschlagen mehr auf ihren Geruchssinn als auf die Augen und sind gewohnt, aus der Hand des Halters Futtertiere zu bekommen. Aber auch Hunger alleine mag dazu führen, dass eine Riesenschlange die Hand eines Halters packt. Nach dem Beutebiss folgt dann automatisch das Umschlingen der vermeintlichen Beute und, je nach Umständen, ein Kampf auf Leben und Tod. Auch Angst, Schrecken, unbekannte Gerüche, Unwohlsein etc. kann selbst bei bisher friedlichen »Hausgenossen« zu instinktiv gesteuerten Bissattacken führen.

*

DIE URSACHEN FÜR ANGRIFFE auf Menschen dürfen aber nicht allein in dem Verhalten der Schlangen gesehen werden, sondern vielmehr auch in dem Unvermögen des Schlangenhalters, professionell mit diesen potenziell gefährlichen Tieren umzugehen. Seitdem es Mode geworden ist, große Schlangen privat zu halten, haben sich auch die Unfälle gehäuft. Oft fehlt die entsprechende Erfahrung. Ein paar gut gemeinte Tipps, die von dem Vorbesitzer oder einer Tierhandlung mit auf den Weg gegeben werden (oder auch nicht!), reichen einfach nicht aus. Auch scheint es, dass sich viele Käufer einer jungen Riesenschlange nicht wirklich bewusst sind, dass ihr kleiner Freund eines Tages zu einem potenziell gefährlichen Riesen heranwächst. Die kleinen Fehler des Halters bzw. die Bisse junger Boas und Pythons werden noch belächelt, bei einem erwachsenen Tier können jedoch kleinste Fehler fatale Folgen haben, wie in den nachfolgenden Beispielen beschrieben wird.

*

GERADE DER TIGERPYTHON gilt als guter Fresser und relativ leicht zu handhaben, weshalb er sich bis heute größter Beliebtheit erfreut. Aber eben mit dieser Art haben sich in letzter Zeit einige Unfälle ereignet. Generell sollte jede Schlange über 3 m als gefährliches Haustier betrachtet werden, dies gilt auch für Arten, auf die hier nicht näher eingegangen wird, wie die *Boa constrictor*, den Amethystpython oder die anderen Anakonda-Arten. Eine Regel von erfahrenen Haltern besagt, dass ab einer 3 m langen Schlange für jeden weiteren Meter ein weiterer Helfer zur Stelle sein sollte, wenn mit der Schlange direkt hantiert wird.

*

DIE FOLGENDEN Fälle wurden durch Autopsien oder durch Nachforschungen von Herpetologen bestätigt und werden hier verkürzt wiedergegeben:

1. Ein 15-jähriger Jugendlicher, 1,52 m groß, 43 kg schwer, war Besitzer eines 3,36 m langen und 24 kg schweren weiblichen Tigerpythons. An dickster Stelle maß der Körperumfang des Pythons 38 cm. Der Jugendliche ließ die Schlange frei in der Wohnung umherkriechen. Die Schlange hatte seit 10 Tagen nichts gefressen. Die Ereignisse lassen sich folgendermaßen rekonstruieren: Am 20. Juli 1993 lag der Jugendliche im Bett und wurde offensichtlich in den rechten Spann gebissen, da hier bei der Autopsie Zahnspuren des Ober- und Unterkiefers vom

Python entdeckt wurden. An beiden Händen fanden sich ebenfalls zahllose kleine Verletzungen, die darauf schließen lassen, dass der junge Mann versuchte, das Maul der Schlange mit den Händen zu öffnen. Blutergüsse waren auch am Oberkörper vorhanden. Der Tod soll durch Umschlingung des Oberkörpers und dem daraus resultierenden Atemstillstand eingetreten sein. Die Autopsie erbrachte keinen Hinweis darauf, dass der Python versucht hatte, irgendeinen Körperteil des Mannes zu verschlingen. In der Pressemitteilung wurde ein um über 100 % erhöhtes Gewicht des Pythons beschrieben, er wog demnach 54 kg.

2. Der 19 Jahre alte Grant William aus New York war stolzer Besitzer eines ca. 4 m langen Tigerpythons, den er 5 Monate zuvor in einer Tierhandlung für 300 US $ erworben hatte. Auch dieser Tigerpython konnte sich frei in der Wohnung bewegen. Am 9. Oktober 1996 wurde der Mann von einem Nachbarn im Flur seiner Wohnung gefunden. Der Python war um seinen Oberkörper geschlungen, und eine Blutlache befand sich auf dem Boden. Nachdem die Ambulanz die Schlange von dem Mann entfernt hatte, konnte nur noch dessen Tod festgestellt werden. Neben dem Mann befand sich ein Karton mit einem lebenden Huhn, das er kurz zuvor gekauft hatte. Dabei soll der Mann seine Schlange sogar mitgenommen haben. Vermutlich wollte der Mann gerade seine hungrige Schlange füttern, die, durch den Beutegeruch verführt, zubiss, noch bevor der Mann das Huhn aus dem Karton holen konnte. Alleine die Anwesenheit von Futtertieren kann bei Schlangen eine Art Heißhunger hervorrufen. Nicht umsonst wird empfohlen, große Exemplare immer mit besonderer Vorsicht zu füttern. Außerdem sollte man große Schlangen nicht frei in Räumen halten, die auch von Menschen genutzt werden. Auf jeden Fall sollte man sie wenigstens in einem gesonderten Käfig/Raum füttern und dabei niemals alleine vorgehen. (Quelle: »New York Times«).
3. Ein ausgebrochener Netzpython wurde 1982 in Reno, Nevada, in der Nähe einer Kinderkrippe entdeckt. Ein 21 Monate alter Junge wurde tot in der Krippe aufgefunden. Bei der Autopsie fand man eindeutige Bissspuren des Pythons, die somit für den Tod des Kindes verantwortlich war.

LINKS: **Mit der vermehrten Haltung großer Riesenschlangen in privater Haltung haben auch die Unfälle mit diesen Tieren zugenommen. Hier ein Netzpython.**

4. 1993 starb ein Mann, der bei sich zu Hause einen ca. 5 m langen Tigerpython namens Ebanezer hielt. Der Mann hatte zahlreiche Bisse am Arm. Spuren für ein Umschlingen wurden jedoch nicht festgestellt. Der Mann litt an Bluthochdruck und starb vermutlich bei dem Angriff der Schlange an einem Herzinfarkt. Der Python selber wurde mit zahlreichen Messerstichen aufgefunden, überlebte jedoch und kam später in einen Zoo.
5. Ein 2,5 m langer Felsenpython erdrosselte 1999 in Centralia, Illinois, einen 3 Jahre alten Jungen. Der Junge hatte mit seinem Onkel und seiner Tante in der Nähe des Terrariums geschlafen. Der Körper zeigte deutliche Spuren von Quetschungen sowie Bisse im Nacken und an den Ohren. Anzeichen für eine Fressabsicht der Schlange wurden jedoch nicht gefunden.
6. Im August 2001 tötete ein ca. 3 m langer Tigerpython ein 8-jähriges Mädchen in Irwin, Pennsylvania. Das Mädchen fiel in ein Koma, 2 Tage später konnte nur noch der Hirntod festgestellt werden. Es scheinen besonders viele Todesfälle im Zusammenhang mit Tigerpythons vorzufallen, vermutlich aber begründet durch die große Anzahl dieser Art in der weltweiten Heimtierhaltung.
7. Der 33-jährige Schlangenbeschwörer Yusof Ismail, der den Umgang mit Schlangen seit ca. 16 Jahren praktizierte, hatte »fast seine letzte Umarmung«, wie »Der STAR« aus Malaysia am 26. Februar 1996 berichtete. Nachts gegen 1.25 Uhr versuchte Ismael im Dorf Ranggoon (West-Malaysia) einen ca. 7 m langen Netzpython zu fangen, als dieser ihn ins Bein biss und dann seinen Körper nachzog, um den »Feind« zu umschlingen. Als er schon kaum mehr atmete, eilten acht Dörfler herbei, die Ismail befreiten.
8. Erst vor kurzer Zeit, am 9. Februar 2007, kam es zum Angriff einer Anakonda auf ein Kind, der durch die internationale Presse ging. Die Geschehnisse ereigneten sich auf einem Landgut nahe Cosmorama, ungefähr 500 km von São Paulo entfernt. In diesem Fall rettete der mutige 66-jährige Großvater Joaquim Pereira seinen Enkelsohn Mateus vor dem sicheren Tod. Der 8-jährige Junge hatte den Berichten zufolge mit Freunden an einem kleinen Fluss gespielt, als er von der 5 m langen und 35 kg schweren Schlange überrascht wurde. Das Tier habe sich in der Brust des Jungen festgebissen und sich dann um den Körper des Opfers gewickelt, um es zu ersticken. Durch die Schreie der anderen Kinder herbeigeeilt, bearbeitete der Großvater das Tier so lange mit Steinen und Holzknüppeln, bis es von seinem Opfer abließ. Der Kampf soll fast eine halbe Stunde gedauert haben. Anschließend tötete der Großvater die Würgeschlange nach eigenen Angaben mit einem Buschmesser. Im Krankenhaus stellten die Ärzte bei dem Jungen zahlreiche Blutergüsse und Bisswunden fest, und die Wunde an der Brust musste mit 21 Stichen genäht werden.

OBEN: **Der Herpetologe Brady Barr, für National Geographic TV in der Trockenzeit in Venezuela unterwegs, posiert hier mit einem Prachtexemplar einer Großen Anakonda.**

Kapitel 8

Mythen und Legenden – was von Schlangen überliefert wird

LINKS: Um keine andere Tiergruppe ranken sich so viele Mythen und Legenden, wie um die Schlangen. Hier Adam und Eva mit der Schlange auf einem kolorierten Holzschnitt von Schorr von Carolsfeld (Der Sündenfall, 1860).

Riesenschlangen in Volksmund und Legende

von Lutz Dirksen

SCHLANGEN HABEN in sehr vielen Kulturen eine besondere Bedeutung und sind tief im Unterbewusstsein der Menschen verankert. Kaum jemand begegnet ihnen ohne Angst oder Neugierde bzw. ohne ambivalente Gefühle. Damit stellen sie das ideale Geschöpf für Mythen, Legenden und Aberglauben dar.
Kaum ein anderes Tier symbolisiert so stark die Gegensätze zwischen Gut und Böse wie die Schlange. In vielen Religionen spielt sie eine entscheidende Rolle, z. B. im Sündenfall in der christlichen Religion. Als Biologe frage ich mich immer, welche Art es wohl war, bestimmt eine Riesenschlange. Hier erhielt sie einen geradezu diabolischen Charakter, weshalb eine Schlange auch heute noch in unserem Kulturkreis negative Emotionen hervorruft. Darstellungen der heiligen Jungfrau Maria, die einer Schlange den Kopf zertritt, zeugen davon.

*

SCHLANGEN STEHEN aber nicht nur für die Sünde, Versuchung und Hinterlist, sondern auch als Regenspender, Schutzgeister von Häusern, Klugheit, Reinkarnation oder als Spender von Kindersegen. Außerdem ringeln sich 2 Äskulapnattern um den Standesstab der Ärzte und Apotheker, und auch der Götterbote Hermes besaß einen Schlangenstab. Bei einem derart symbolträchtigen Tier ist es schon fast nicht mehr verwunderlich, dass Schlangen kaum mehr als das angesehen werden, was sie wirklich sind: beinlose Reptilien, die sich ihre eigenen Nischen im Überlebenskampf erschlossen haben - so wie alle anderen Tiere auch.

DOCH NACH WIE VOR gelten Schlangen, besonders in westlichen Zivilisationsgesellschaften, als feucht und glitschig - dabei haben sie, wie alle Reptilien, eine trockene und schuppige Haut. Ebenso grassiert der Irrglaube, dass Schlangen mit ihrem starren und bösen Blick ihre Opfer hypnotisieren könnten. Dabei können die Schlangen ihre Augen gar nicht schließen, da ihre durchsichtigen Lider über den Augen verwachsen sind. Das fremdartige Züngeln lässt die Schlangen auch nicht gerade in einem besseren Licht erscheinen. Echte Schlangenphobiker sind nicht einmal in der Lage, ein Bild einer Schlange anzuschauen. Typische Symptome sind Schweißausbruch, bleiche Gesichtsfarbe, Unruhe bis hin zur panischen Flucht.

*

ES IST IMMER WIEDER zum Schmunzeln, welch fantastisches Fehlwissen sich über verschiedenste Tiere entwickelt hat. So glauben zum Beispiel die Einwohner von Honduras, dass große Kröten der Gattung *Bufo* aus einigen Metern gezielt Urin in die Augen der Menschen spritzen können, was sofortiges Erblinden nach sich zieht. Vielleicht wurde einst eine große Kröte angehoben und diese entließ zur Abschreckung etwas Urin, welcher zufällig den Weg ins Auge fand und brannte. Schon beim ersten Weitererzählen wird der Kröte vermutlich absichtliches Zielen aufs Auge angedichtet. Jetzt muss nur noch die Entfernung vergrößert werden, und schon ist eine kleine Legende geboren. Korallenschlangen wiederum sollen durch Stechen mit ihrem Schwanz ein tödliches Gift injizieren. Immerhin ist durch den schnellen Biss einer Giftschlange, der den qualvollen Tod bedeuten kann, ein echter Grund vorhanden, den Schlangen mit Vorsicht zu begegnen. Allerdings muss niemand befürchten, dass Giftschlangen meterhoch springen können, wie man früher in Afrika glaubte. Begibt man sich jedoch ins Reich der Mythologie und Legenden, sollte man sich von der Frage nach dem Wahrheitsgehalt lösen und stattdessen nach dem verborgenen Sinn in Form von Bildern und Metaphern suchen - oder sich einfach nur daran erfreuen.

*

DIE LEGENDE von der größten Schlange überhaupt stammt von den Wikingern. In der nordischen Sage wird das Reich Midgard von einer riesigen Schlange bewacht, Midgardschlange oder Jormangund genannt. Sie umschloss mit ihrem mächtigen Körper ringförmig die ganze nordische Welt. Dabei beißt sie sich mit dem Kopf in den Schwanz, es sei denn, dass sie gerade mit Thor kämpft. Thor, der Donnergott, und die Midgardschlange waren erbitterte Feinde. Thor wollte sie töten, indem er versuchte, sie mit einem Stierkopf als Köder zu angeln. Sein feiger Begleiter schnitt aber im letzten Moment das Angelseil durch. Thor verlor auch eine Wette, bei der er eine Katze hochheben sollte, welche aber die Midgardschlange in verwandelter Gestalt war. Schließlich, am Ende der Welt, kam die riesige Schlange dann an Land und kämpfte gegen Thor, der sie diesmal zwar zu töten vermochte, jedoch hinterher an ihrem Gift verstarb.

*

DER ÄGYPTISCHE GOTT Apophis wird als riesige Schlange dargestellt und verkörpert Auflösung, Finsternis und Chaos. Der Legende nach wurde die Sonnenbarke des Ra jede Nacht während der Reise durch die Unterwelt von der Schlangengottheit Apophis angegriffen. Diese musste allmorgendlich besiegt werden, damit Ra seine Fahrt fortsetzen und so die Sonne wieder aufgehen konnte. Unter anderem soll Apophis die Fahrt der Barke mit den Windungen seines riesigen Schlangenkörpers behindert haben. Auch soll die Schlangengottheit die Fähigkeit gehabt haben, mit ihrem Blick den Gott Ra und sein Gefolge, mit Ausnahme des Gottes Seth, zu hypnotisieren. Seth jedoch, der im Bug der Barke stand und dem Blick der Schlange widerstehen konnte, schlug Apophis mit seinem Speer zurück und ermöglichte so den Sonnenaufgang.

OBEN: **In der nordischen Sage kämpft Thor mehrfach mit der Midgardschlange, die sich der Sage nach ringförmig um die ganze Welt legt. Gemälde von Johann Heinrich Füssli, 1788.**

OBEN: Die Urangst vor Schlangen wurde früher durch Kämpfe »Mensch gegen Schlange« in Zeichnungen ausgedrückt. Heute geschieht dies durch Schlangenthriller aus Hollywood.

Die Existenz des Schlangengottes besteht in einem ewigen Kreislauf aus Angriff und Vernichtung. In verschiedenen Legenden wird Apophis durch zahlreiche Götter getötet, nur um stets wieder als Symbol der Wiedergeburt und des ewigen Kampfes zwischen Gut und Böse aufzuleben. In den Sonnenhymnen wird erzählt, wie Apophis mit Messern zerstückelt oder mit Lanzen erstochen wird. Sein Blut verfärbt den Himmel bei Sonnenaufgang rot. Eine der häufigsten Darstellungen zeigt die Göttin Hathor in Gestalt der Katze des Ra, auch genannt Katze von Heliopolis, die die Schlange mit einem Messer tötet und verstümmelt.

*

IN DER GRIECHISCHEN Mythologie kommt ebenfalls eine sehr große, geflügelte Schlange vor. Sie heißt Python, ist eine Tochter der Erdenmutter Gaia und hat hellseherische Fähigkeiten. Hera erfuhr einst von der Vorhersage, dass Leto, ihre Nebenbuhlerin und Geliebte des Zeus, dereinst sehr mächtige Zwillinge gebären würde. Daher schickte sie Python los, um Leto zu verschlingen, noch bevor diese ihre Kinder zur Welt bringen konnte. Dies wusste Zeus zu verhindern, und so wurden Apollon, der Gott der Weisheit und Künste, und Artemis, die Göttin der Jagd, geboren. Eine der ersten Taten des erwachsenen Apollons war die Rache an Python für den Anschlag auf seine Mutter Leto: Er stellte Python bei Delphi und tötete ihn. Durch das vergossene Blut Pythons übertrugen sich deren hellseherischen Fähigkeiten auf den Ort Pytho, welcher später Delphi heißen sollte und das berühmte Orakel beherbergte. Ebenfalls aus dem Griechischen kommt der Begriff Uroborus, der die im Kreis liegende Schlange darstellt, die sich selbst in den Schwanz beißt und das ewige Werden und Vergehen in der Natur symbolisiert.

*

AUCH ANDERE KULTUREN haben Legenden mit Riesenschlangen von erstaunlichen Dimensionen. Eine Indianergruppe aus den Guayana-Ländern war ausgezogen, um einen besseren Platz zum Siedeln zu finden. Nach tagelangem Marsch durch Sümpfe und Urwald versperrte ihnen plötzlich eine hohe, glänzende Mauer den Weg. Nach vergeblichen Versuchen, über diesen Wall zu klettern, beschlossen die Indianer, den mysteriösen Wall entlang zu gehen, in der Hoffnung, auf eine Lücke zu stoßen oder ans Ende zu gelangen. Nach 2 Tagen Wanderung erreichten sie tatsächlich das Ende der Mauer, welches sich als das Haupt einer riesigen Anakonda herausstellte. Die zu Tode erschrockenen Indianer sollen dann panisch in den Dschungel geflüchtet sein. Ungewöhnlich an dieser Schlangenlegende ist das Ausbleiben irgendeiner Handlung oder Reaktion der Schlange, wodurch jeder Deutungsversuch vom Ursprung dieser eigenartigen Erzählung der Indianer erheblich erschwert wird.

MYTHEN VON RIESENSCHLANGEN haben gelegentlich große Ähnlichkeit mit denen von Meeresungeheuern. Dies trifft natürlich speziell auf die im Wasser lebende Anakonda zu. Missionare schrieben über brasilianische Ureinwohner, dass diese glaubten, Anakondas könnten ihre Opfer aus einer Distanz von 20 m ansaugen, um sie dann zu verschlingen. Dabei sollten die Anakondas nachts ihre Augen als Suchscheinwerfer benutzen können. Noch heute ist eine alte Fotografie einer angeblich 30 m langen Anakonda in Brasilien im Umlauf, bei der die Augen weiß nachretuschiert wurden. Auch in Peru entwickelten sich die Anakondas zu mystischen Wesen, wo sie von der Urbevölkerung Yacu Mama, d. h. Mutter der Gewässer, genannt werden. Nach einem weit verbreiteten Indianermythos sind große Anakondas tief in den Seen und Flüssen verborgen und verschlingen jeden, der es wagt, in ihr Hoheitsgebiet einzudringen. Anakondas sind für ihre Standorttreue bekannt, was diesen Glauben vermutlich gefördert hat.

OBEN: **Auf der Rückseite dieser in Brasilien kursierenden Postkarte steht, dass die abgebildete Anakonda 30 m lang sein soll.**

*

NICHT GANZ SO BEKANNT aus mitteleuropäischen Märchen und Sagen wie die Drachen ist der Basilisk, obwohl er erst kürzlich durch einen Harry-Potter-Film neue Bekanntheit erlangte. Er wird mit seinem riesigen Schlangenkörper auch als »König der Schlangen« bezeichnet. Sein feuriger Hauch und sein böser Blick sollen jeden töten, der sich ihm in den Weg stellt. Im Mittelalter glaubte man an dieses Wesen oder hielt es zumindest für denkbar, dass es existiert, ebenso wie es bei Drachen und Seeungeheuern der Fall war. Die Schweizer Stadt Basel soll sogar nach diesem Fabelwesen benannt worden sein. Auch die in Lateinamerika heimischen Basilisken (Echsen der Gattung *Basiliscus)* haben wegen ihrer helmartigen Kopfauswüchse von diesem Ungeheuer ihren Namen bekommen.

*

IN DEN VORANGEGANGENEN Kapiteln haben wir dargelegt, dass Riesenschlangen 9 m oder vielleicht sogar in Ausnahmefällen 10 m lang werden können. In diesem Zusammenhang ist es schon verwunderlich, wie viele Berichte und Erzählungen es gibt, in denen die Schlangen, meistens Anakondas, 15–50 m lang gewesen sein sollen. Natürlich fehlt regelmäßig ein akzeptabler Beweis, oder die Schlangen stellen sich beim Vermessen als wesentlich kleiner heraus. Schon die spanischen Eroberer Südamerikas behaupteten, dass Anakondas 25 m lang werden und problemlos Pferde und Stiere verschlingen könnten. Von den Konquistadoren wurde auch der Name Matatoro geprägt, was übersetzt Bullentöter bedeutet. Besonders in brasilianischen Tageszeitungen wurde die Größe der Anakondas extrem übertrieben.

So sollen Indianer in dem Ort Pernambuco eine 43 m lange und 5 Tonnen schwere Anakonda getötet haben, die sich zuvor einen Bullen einverleibt hatte. In anderen Berichten ist von Anakondas die Rede, die so dick wie große Ölfässer gewesen seien.

*

EINE ZEITUNG aus Rio de Janeiro veröffentlichte einen Bericht, demzufolge Soldaten nach heftigem Kampf eine 38 m lange Anakonda getötet hätten. Tief im peruanischen Regenwald erzählte uns ein Jäger mit todernster Miene, dass er eine 25 m lange Anakonda gesehen hätte. Wir baten ihn, uns an einem umgestürzten Baum zu zeigen, wie lang sie gewesen war. Wir maßen dann immerhin noch 20 m. Selbst jetzt blieb der Jäger bei seiner Behauptung, einer Schlange von dieser Länge begegnet zu sein. Viele Völker und Einwohner des tropischen Südamerikas, aber auch anderer Tropenländer der Erde berichten oft in maßlosen Übertreibungen. Daher fällt die Einordnung in Längenmaße schwer, insbesondere wenn es sich um die Hauptakteure uralter Mythen handelt.

Jägerlatein und Rekordjagd

von Henry Bellosa

DAS WELTWEIT KLEINSTE Reptil, einen kaum 2 cm großen Gecko aus der Karibik, konnten Herpetologen aufspüren. Die größte Schlange der Welt zu finden ist bisher noch keinem gelungen. Bereits 1818 wurde der erste Kopfpreis von 5000 US $ auf eine 50 Fuß (= 15,24 m) lange »Seeschlange« ausgesetzt, die im Atlantik vor der Küste von Boston von Seefahrern gesichtet worden war. Um den Preis für die Seeschlange zu bekommen, konnte sie »tot oder lebendig« gebracht werden. Allerdings zogen die Verantwortlichen das Angebot später zurück, nachdem sie sich mit den Seefahrern geeinigt hatten, dass es sich bei ihrer dubiosen Sichtung wohl um einen 2,7 m langen Thunfisch gehandelt hatte.

*

WAREN ES IM 18. Jahrhundert meist Forschungsreisende, die, mehr oder weniger zufällig, auf große Riesenschlangen trafen, so setzte im 19. Jahrhundert eine gezieltere Suche nach der Riesenanakonda oder dem Riesenpython ein. Für Museen, Zeitungen oder Zoologische Gärten machten sich Expeditionen auf den Weg, um sensationell große Tiere zu finden. Aber auch Jäger wollten solche Schlangen als Trophäen und als Beweise ihres Abenteuermutes oder Jagdgeschicks schießen. Mit Gewehr, Machete und Kompass ausgerüstet, zogen sie durch die »Grüne Hölle« Südamerikas oder durch den Dschungel Südostasiens.
Die eigentlichen Strapazen und Gefahren dieser Expeditionen waren aber oft nicht die Riesenschlangen, Krokodile oder Raubkatzen, sondern wurden durch viel kleinere Lebewesen, z. B. Stechmücken, Tsetsefliegen, Endoparasiten und die verschiedenen »Bakteriencocktails« verursacht. Auch Alexander von Humboldt, David

Livingstone oder Alfred Russel Wallace, um einige der berühmtesten Entdecker und Forscher der Tropen zu nennen, hatten unterwegs mit den verschiedensten tropischen Krankheiten wie Malaria, Gelbfieber oder der Schlafkrankheit zu kämpfen. Ebenso weit verbreitet waren Durchfallerkrankungen, Vergiftungen und Fieberanfälle, die auch den rekordsüchtigen Schlangensuchern ihre Reisen in die Tropen erschwerten.

OBEN: Die Jagd nach der Rekordschlange hat schon viele Abenteurer angezogen. Die geradezu magnetische Anziehungskraft riesiger Schlangen wurde durch den Preis von 50 000 US-$ noch verstärkt.

*

NEBEN VIELEN unglaubwürdigen Berichten wurde aber auch durchaus wissenschaftlich nachprüfbares Belegmaterial aus den Tropen geliefert. So berichtete J.G. Stegman 1813 aus Südamerika über eine Anakonda, die ihm nach kurzer Suche in einem Dickicht von seinen Begleitern gezeigt wurde. Das Tier sei 6,5 m lang und so dick wie sein südamerikanischer Begleiter gewesen. Seiner Auffassung zufolge werde der Mensch freilich nur dann Opfer einer solchen Schlange, wenn er sozusagen in ihre Reichweite gerate und sie keine Möglichkeit zur Flucht habe. Einmal in das Opfer festgebissen, würde sie allerdings bis zum Tod desselben zudrücken und es danach, dem Instinkt folgend, auch fressen.

*

WER HEUTE im tropischen Regenwald von Brasilien, Kolumbien oder auch in Südostasien, beispielsweise einer philippinischen Insel oder Malaysia, auf Schlangenjagd gehen möchte, sollte viel Zeit und Geduld mitbringen. Selbst ein ganz heißer Tipp von der lokalen Bevölkerung oder einheimischen Schlangenfängern muss noch lange nicht bedeuten, dass man eine riesige Schlange findet, wie Expeditionsberichte oft bestätigten. Aber es kann auch genau anders herum verlaufen. Man stößt plötzlich und überraschend auf eine enorme Riesenschlange, wie es kürzlich in einer BBC-Dokumentation zu sehen war. Als Jules Sylvester in Singapur von einer Firma, die Tiere einfängt und wieder aussetzt, wegen einer Schlange zu Hilfe geholt wurde, ahnte er die Ausmaße derselben nicht. Er sah sich zunächst einem unübersichtlichen Müllhaufen gegenüber, daneben einem tiefen Abwassergraben mit sehr löcheriger Abdeckung und jeder Menge Schlupflöcher. Vorsichtig entfernte er den Abfall, unter dem die Schlange sitzen sollte. Schließlich blieb eine schwarze Abfalltonne übrig, in die er vorsichtig hineinschaute, immer den Schlangenhaken zur

OBEN: In vielen Geschichten wird von gefangenen oder erlegten Riesenschlangen berichtet, die weit über 10 m lang sein sollen. Ein Nachweis dafür fehlt bis heute.

Abwehr bereit. Mit enormer Geschwindigkeit schoss ein Netzpython vor, aber der erfahrene Schlangenfänger ließ sich nicht aus der Ruhe bringen und konnte den Kopf zwischen seinen Beinen fixieren und das Tier unter Kontrolle bringen: Immerhin maß der Python 4,7 m.

*

DOCH ZURÜCK ZUR JAGD auf die größten Schlangen der Welt. Schon vor 1900 wurden verschiedene Preise auf Riesenschlangen zwischen 33 und 40 Fuß (= 10,06–12,19 m) ausgesetzt. Um 1912 wollte es der mittlerweile pensionierte Expräsident Theodore Roosevelt genau wissen und lobte ein Preisgeld von 5000 US $ für eine Schlange von mindestens 30 Fuß (= 9,14 m) Länge aus. Er selbst war passionierter Jäger und hatte, nach Erzählungen seines Sohnes Kermit Roosevelt, in Südamerika sehr große Anakondas gesehen. In besagtem Fall hätte es sogar genügt, an den nächsten amerikanischen Konsul eine Haut und ein Skelett von besagter Länge abzuliefern.

In den 30er-Jahren schrieb die Wildlife Conservation Society (WCS) in New York unter Raymond L. Ditmars einen Preis von 1000 US $ für eine Riesenschlange von 9,14 m aus, der im Januar 1978 auf 15 000 US $ erhöht wurde. Auf der Mitgliederversammlung derselben Gesellschaft verkündete deren Vorsitzender William G. Conway 1980 eine Preisgelderhöhung auf 50 000 US $. Der Hintergrund dieses Preisgeldes besteht darin, dass der Besitz einer derartig großen Schlange jedem Zoo große Publicity und ein Vielfaches an Besuchergeldern einbringen würde. Daher wird jetzt als bedeutsame Änderung gefordert, dass nun eine lebendige Schlange mit einer Länge von mindestens 9,14 m gebracht werden muss. Häute, Skelette oder Fotomaterial sind nicht zugelassen. Die Jagd nach der Rekordschlange erreichte ihren Höhepunkt.

*

DAS BÜRO DER WCS hat zahlreiche mit Anfragen gefüllte Ordner, in denen die Aktualität dieser Prämie erfragt wurde. Andere Ordner sind gefüllt mit Hinweisen auf angeblich gefundene über 9,14 m lange Riesenschlangen. Trotz des langen Zeitraumes konnte jedoch bei keiner Schlange die notwendige Gesamtlänge zur Einlösung des Preisgeldes nachgewiesen werden. Einen ernst zu nehmenden Versuch machten 1992 der Besitzer eines Ledergeschäftes im Bundesstaat Illinois, USA, und der professionelle Schlangenjäger, Paul Raddatz, der angab, einen über 9,14 m langen Python in einem Käfig in Kalimantan, dem indonesischen Teil Borneos, zu besitzen. Als man die Schlange schließlich aus ihrer Gefangenschaft befreite und nachmaß, war sie lediglich 6,4 m lang. Dennoch wurde das Tier vom Bronx-Zoo New York gekauft und verstarb dort im Dezember 2002 mit einer Länge von knapp 8 m. Das Netzpython-Weibchen mit dem Namen Samantha erlangte weltweiten Ruhm.

*

ALS DER BRITISCHE Schriftsteller und Abenteurer Robert Twigger, dessen Suche nach dem längsten Python der Welt auch verfilmt wurde, im Büro der WCS den Kurator John L. Behler nach dessen Einschätzung seiner Suche befragte, antwortete dieser: »Alles ab 25ft (= 7,62 m) interessiert unsere Gesellschaft. Für den Roosevelt-Preis sind aber nach wie vor 9,14 m vorgeschrieben. Außerdem bekommen wir häufig Anrufe wegen großer Anakondas, die aber dann meistens nur 5-5,5 m lang sind«.
Im gleichen Jahr wie die erste Ausschreibung des Roosevelt-Preises (1912) wurde auf Celebes, dem heutigen Sulawesi, laut dem Guinness-Buch der Rekorde von 1991 ein weiblicher Netzpython von 9,98 m Länge gefangen und getötet und wäre somit die längste Schlange der Welt. Vermutlich war aber den Arbeitern, die diese Schlange fanden und töteten, der Preis nicht bekannt oder er wurde erst später offiziell bekannt gegeben. Da eine tote Schlange schlecht über längere Zeit konservierbar ist, schon gar nicht in den feuchtschwülen Tropen, wurde das Tier offenbar in keiner Weise konserviert. Auch für viele andere Rekordtiere kann ein solcher Verlauf der Datengewinnung und das anschließende Verschwinden der Schlange selbst angenommen werden. Stets fehlt ein Beleg oder eine Möglichkeit der Nachmessung. Deshalb konnte weder dieses Tier noch eines in den Jahren danach die Bedingungen der WCS erfüllen und den Preis für den Jäger sichern.

*

OBWOHL ZOOLOGISCHE GÄRTEN zu Beginn des 20. Jahrhunderts sehr stattliche Exemplare an großen Riesenschlangen in ihren Terrarien ausstellten, wurde über deren Lebensweise, ihre Vermehrung und ihre Rolle als Beutegreifer wenig bekannt. Und obwohl moderne biologische Labor-Forschungen wie Genetik, Biochemie und Ethologie in der Wissenschaft Einzug hielten, brauchten die Leser nicht auf spannende Berichte über riesige Schlangen zu verzichten. Abenteuerromane wurden Mode: heldenhafte Kämpfe mit Ungetümen, mörderische Auseinandersetzungen mit Reptilien und das unermüdliche Bezwingen von Hindernissen aller Art. Der Dschungel erwies sich als vielschichtiges Abenteuerfeld und Tummelplatz von inszenierten Horrorvisionen. In seinem Buch »Kampf mit Riesenschlangen. Urwalderlebnisse in Südamerika« beschrieb Schott 1935 eine Geschichte, die geradezu typisch für das Genre ist: Aus dem Rachen einer Anakonda ragten nur noch der Kopf und das Geweih eines Hirsches heraus. Der verblüffte Leser erfährt von Schott, »dass sie den Kopf so lange im Rachen belassen, bis dieser in Verwesung übergeht und dann leicht vom Rumpf abgestreift werden kann«. Dies soll immerhin 10-14 Tage dauern und der Kopf des halb verschlungenen

UNTEN: **Diese fantasievolle Jagdszene auf einer alten Zeichnung zeigt einen erfolgreichen Jäger mit einer überdimensioniert großen Anakonda.**

OBEN: Schon immer hat es die Fantasie der Menschen bewegt, welche Tiere im Kampf gegeneinander gewinnen würden.

Opfers in dieser Zwischenzeit aus dem aufgesperrten Rachen hängen.

*

GLÜCKLICHERWEISE reisten auch während der Weltwirtschaftskrise, der 1930er-Jahre und des Zweiten Weltkrieges Schlangenkundige in die tropischen Regionen der »Big Four«. Neben ihren Reiseberichten stellten sie Kontakte zu einheimischen Forschern und Instituten her, die sich mit Schlangen befassten. Obwohl es oft um Giftschlangen ging, die Gewinnung von Seren und die biochemische Entschlüsselung der Gifte, fielen auch immer neue Erkenntnisse über das Thema »Riesenschlangen und ihre Größe« ab. In dieser Zeit gab es dann einen ernst zu nehmenden Anwärter auf den Titel »Größte jemals gefangene Riesenschlange der Welt«. Um dieses Tier, einen weiblichen Netzpython (Nr. 12 in der Tabelle des 5. Kapitels), ranken sich eine Reihe merkwürdiger, beinahe unheimlicher, Geschichten: Er kam 1931 in den kleinen Mesker-Zoo der Stadt Evansville in Indiana, USA. Während seiner 17-jährigen Gefangenschaft wuchs er prächtig und erreichte nach Schätzung des Autors mindestens 7 m Länge, möglicherweise auch 8 m. Nach seinem Tod wurde die Haut für das lokale Museum der Stadt Evansville präpariert und der Kopf als Ganzes drangelassen.

*

DER PRÄPARATOR A. Short vermaß die Haut genau und kam auf 10,24 m Länge. Das Gewicht der kompletten Schlange, wahrscheinlich vor der Abhäutung, gab er mit 670 pounds an, umgerechnet 305 kg – ein absolut unglaubwürdiger Wert. Nehmen wir einmal an, die Haut sei während des Gerbprozesses bzw. der Präparation ein wenig gestreckt worden und A. Short habe korrekt gemessen, dann könnte der Netzpython auch 9 m Länge als lebende Schlange gehabt haben. Das wäre in etwa die Länge von Colossus (siehe S. 66), der bei 8,7 m Länge 145 kg wog. Auch wenn dieses Gewicht, wahrscheinlich nach einer Fastenphase genommen, zu niedrig erscheint, kann ein Netzpython von 9 m Länge bei 75 cm Umfang höchstens 185 kg wiegen. Zum Vergleich: Eine Anakonda von 9 m Länge könnte bei 85 cm Umfang über 200 kg auf die Waage bringen. Leider wurde im Jahre 1950 das Museum von Evansville von Unbekannten geplündert, die dem Python den Kopf abschnitten. Seit dieser Zeit ist auch von der Resthaut kein Nachweis zu erbringen.

1939 ODER 1940 GESCHAH am Ufer des Oberlaufs des Orinoko in Ostkolumbien ein rekordverdächtiges Ereignis. Die Ölsuchtruppe um den Geologen Robert Lamon entdeckt im trüben Wasser eines Flusses eine gigantisch anmutende Anakonda (Nr. 2 der Tabelle auf S. 74). Sofort wird das Riesentier mit einigen Salven aus Pistolen bedacht. Das offensichtlich getötete Tier wird daraufhin an das flache Ufer gezogen. Auch ein Stahlmessband ist zur Hand, und am Ende steht die unglaubliche Länge von 11,44 m fest. 1944 berichtet der Herpetologe Emmett R. Dunn, der selbst jahrelang die Reptilien- und Amphibienfauna Kolumbiens erforscht hatte, von diesem Rekord seines Freundes Lamon: »Mein Freund Robert Lamon, Geologe der Richmond Ölgesellschaft, berichtete mir, dass er in den Llanos Ostkolumbiens eine Anakonda von 11,44 m Länge getötet und vermessen hatte. Obwohl ich auch von 14 m langen Exemplaren gehört habe, ist jedoch die Aussage von Herrn Lamon nicht aus zweiter Hand, sondern direkt gemessen worden und mit großer Glaubwürdigkeit anzusehen.«
Dieser Bericht wurde zunächst in Spanisch verfasst und später ins Englische übersetzt. Auch James A. Oliver, Direktor des New Yorker Bronx Zoos in den 40ern, bestätigt die Glaubwürdigkeit dieser Messung und war von der Richtigkeit solcher Längenangaben überzeugt. Er schreibt 1958: »Dies ist keine Schätzung. Lamons Bericht kommt am Genauesten an eine Direktmessung aus erster Hand von einer riesigen Anakonda heran. Als ich mit Dunn über diesen Bericht sprach, bestätigte er mit Nachdruck, dass er Lamon kenne und dass dessen Glaubwürdigkeit außer Frage stehe. Dunn habe sich bei Lamon über einige Aspekte des Berichts und des Messverfahren erkundigt und zwar der toten Schlange - nicht ihrer Haut - und sie sei in entspannter Position gelegen. Was brauchen wir noch mehr für einen echten Längenrekord?«

RECHTS: In Jabor bei Kuantan, West-Malaysia, verschlang ein 6 m langer und 90 kg schwerer Netzpython eine trächtige Ziege (oben). Das Mahl war so kräftezehrend, dass Feuerwehrmänner leichtes Spiel hatten, das Tier einzufangen. Die Schlange würgte die noch am Seil hängende Ziege wieder aus (unten). So berichtete die »New Straits Times« in Malaysia, vom 6. September 2006.

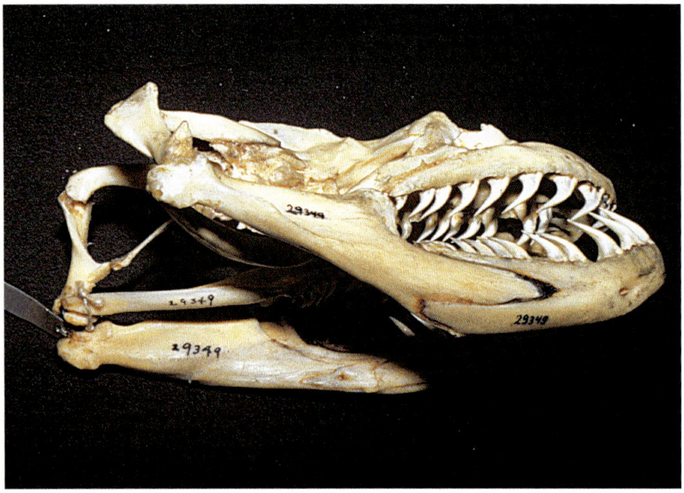

OBEN: **Der Schädel einer Anakonda zeigt die langen, spitzen und nach hinten gebogenen Zähne. Dies macht es einer Beute schwer, sich aus einem Biss zu lösen.**

BIS ZU DIESEM PUNKT gab es keine Kritik, auch ich hätte nichts einzuwenden gegen diesen Rekord, und er würde bis heute gelten! Es folgten aber etliche Ungereimtheiten: Als die Ölsuchertruppe nach ihrer Mahlzeit zur Schlange zurückkehrte, war diese verschwunden. Anscheinend war die Anakonda doch nicht tödlich getroffen gewesen und hatte sich in den Fluss zurückziehen können, womit sie sich jeder weiteren Messung entzog.

1954 schrieb der Herpetologe R. M. Gilmore einen Brief an Lamon, um die Messung des Rekords und seiner Umstände nochmals aus erster Hand zu erfahren. Die Antwort, datiert vom 19. Mai 1954: »Ich rufe mir die Anakonda, die ich tötete und vermaß, ins Gedächtnis zurück. Aber es liegt bereits soweit zurück, dass Details nicht mehr präsent sind. Ich erinnere mich daran, das Riesentier mit einem 4m-Stahlband vermessen zu haben, und, falls mein Gedächtnis mich nicht trügt, musste ich 3 Mal die Länge des Maßbandes verwenden, um die komplette Schlange abzumessen, dennoch könnte ich dies nicht dergestalt beschwören, dass es nicht auch 2 Mal die Länge des Maßbandes gewesen sein könnten.« Im weiteren Verlauf des Briefes drückt er aber die Überzeugung aus, dass der Bericht an Dunn kurz nach der Messung gewesen war und deshalb schon stimmen könnte. Er erwähnt auch noch, dass er die Länge notiert hatte, dass aber die Notizen unglücklicherweise schon lange verloren gegangen seien. Dieser Brief wurde erst 1993 von Gilmore und Murphy veröffentlicht, sodass viele Autoren dieser Zeit den Rekord anerkannten, darunter so bekannte Herpetologen wie Pope und Ditmars.

*

VIELE PERSONEN, denen ich Bilder von 6-7 m langen Schlangen zeigte, waren von deren Größe sehr beeindruckt, ebenso, wenn sie z. B. bei mir einen 5 m langen Python mit etwa 70 kg Gewicht zu sehen bekamen. So eine große Schlange hatten sie noch nie lebend gesehen. Meine größte Schlange, die ich direkt vor mir hatte, erreicht fast 7 m Länge, auch für mich noch ein Ereignis. Eine Anakonda von 11,44 m Länge muss dagegen wirklich gigantisch wirken. Deshalb bin ich davon überzeugt, dass Lamon das Maßband nur 2-mal verwendete. Eine Anakonda von 11,44 m Länge hätte dann hochgerechnet etwa 300 kg Gewicht. Dann wären mindestens 10 Personen alleine zum Bergen der Anakonda notwendig gewesen – und zwar für ein totes Exemplar!

Auch in den 1980er- und 1990er-Jahren wurden immer wieder Tiere für das ausstehende Preisgeld vorgeschlagen und in Presseberichten der Öffentlichkeit vorgestellt. Ebenso wie die historischen Exemplare konnten sie die Längenbedingung jedoch nie erfüllen. Bei einem Rückblick in die Mitte des 20. Jahrhunderts ist festzustellen, dass sehr wohl extrem lange Netzpythons von nachgewiesener Größe zu Buche stehen. Aber auch von diesen hatte keine die geforderte Länge erreicht (siehe Kapitel 5).

AKTUELL IST UNS keine Riesenschlange bekannt, die der notwendigen Länge zur Erlangung des Preises von 50 000 US $ nahe kommt. Ein möglicher zukünftiger Anwärter ist indes ein Netzpython aus einem kleinen Zoo auf der Insel Bali. Er wurde mehrfach gemessen und gewogen und ist auf dem besten Wege die 8-m-Marke zu erreichen. Die Schlange bewohnt ein großzügig ausgestattetes Terrarium bei natürlichen Klimabedingungen und zeigt den typischen, sehnigen Körperbau der großschädeligen grauen Form. Ihre Hauptspeise sind Hühner, Enten und anderes Geflügel, womit die Verdauung auch weiterhin in Schwung und der Fettansatz in verträglichen Grenzen bleiben.

Ein weiterer Netzpython mit Namen Sri Belang lebt auf einer indonesischen Insel frei in einem größeren Privathaushalt. Auf einem Foto konnte ich diesen Python grob vermessen und kam zu dem Ergebnis von über 7 m Länge. Als Körperumfang konnte ich 65 cm ermitteln, das Gewicht müsste damit zwischen 110 und 120 kg liegen.

Falls sich der zuvor erwähnte große Netzpython von Steve Irwin von seiner Operation im Jahre 2003 gut erholt hat, könnte er heute ebenfalls über 7 m Länge besitzen (siehe S. 52).

*

DIE JAGD NACH DER größten Schlange der Welt bleibt spannend, und fast täglich findet sich neues Material, das eine Nachprüfung lohnt. Glücklicherweise sind heute nicht nur Abenteurer und Trophäenjäger auf der Suche nach den Riesenschlangen, sondern auch Wissenschaftler. In den seltensten Fällen haben sie den Roosevelt-Preis im Sinn, sondern sind ganz einfach fasziniert von den Riesenschlangen, aber auch den Giganten unter ihnen. Diese Faszination teilen sie mit vielen Schlangenliebhabern, und wir dürfen annehmen, dass die Jagd nach der »Größten Schlange der Welt« und dem Preis von 50 000 US $ noch lange weitergeht.

UNTEN: **Auf diesem historischen Bild wird eine riesige Schlange offensichtlich gegen ihren Willen gefüttert.**

Kapitel 9

Riesenschlangen hautnah – live oder auf dem Bildschirm

LINKS: Die Faszination der Riesenschlangen ist bis heute ungebrochen. Kaum jemand weiß jedoch, dass Schlangen die Flötentöne der Schlangenbeschwörer gar nicht hören können. Das einzige »Gehörknöchelchen« der Reptilien hat bei den Schlangen die alleinige Funktion, das Maul weiter öffnen zu können. Hier ein Dunkler Tigerpython.

Riesenschlangen als Attraktion

von Henry Bellosa

EIN GANZES BUCH könnte man über das spannende Thema von großen Riesenschlangen auf der Bühne, in der Zirkusarena, in Zoologischen Gärten und in Film und Fernsehen schreiben. Der ehemalige Hamburger Zoodirektor Claus Hagenbeck beispielsweise stellte im Jahre 1904 ein 8,5 m langes Netzpythonweibchen aus, welches mehrfach Beutetiere mit über 50 kg Lebendgewicht verschlang. Die Faszination, die von diesen Riesenexemplaren ausgeht, ist seither keineswegs gesunken, sondern konstant hoch geblieben. Und immer, wenn in einem Vortrag Bilder der größten Schlangen der Welt zu sehen sind, geht ein Raunen und Tuscheln durch den Saal.

*

ES IST MINDESTENS ebenso spannend, einen 6-m-Python hautnah zu erleben oder sogar anzufassen, wie auf einem Elefanten zu reiten oder einem weißen Tiger zu begegnen, der am Halsband in Las Vegas durch die Zuschauerreihen geführt wird. In unserem Rahmen sollen stellvertretend einige spektakuläre Pythons vorgestellt, ein Blick in die bunte Show-Welt des Schlangentanzes geworfen und öffentlich zugängliche Terrarienanlagen erwähnt werden. Da das Medium Film schon von Beginn an Interesse an großen Riesenschlangen zeigte und heute im Rahmen von Naturdokumentationen diese auch einem breiten Publikum bekannt sind, soll diese Form der Präsentation ebenfalls kurz beleuchtet werden.

LINKS: Der deutsche »Schlangenflüsterer« Rainer Kwasi versteht sich bestens mit seinem Tigerpython-Weibchen.

Auf der Bühne und im Zirkus

In Schlangenshows werden seit Mitte des 19. Jahrhunderts Riesenschlangen vorgeführt. In den meisten Fällen sind es mittelgroße, 3-4 m lange Tigerpythons, manchmal auch Netzpythons oder Königsboas. Aus 3 Gründen sind nur in Ausnahmefällen 5 m lange oder längere Tiere zu sehen: Erstens muss die Tänzerin oder der Tänzer die Schlange heben; zweitens muss die Schlange transportiert und untergebracht werden, und drittens erreichen die Schlangen selten ein normales Alter und damit auch die entsprechende Größe, da sie zur Vorführung auf 10-20 °C abgekühlt werden. Auch wenn die vorführende Person ein Mann von kräftiger, durchtrainierter Statur ist, sind Tiere über 60 kg Gewicht nicht erwünscht.
Aber es gab auch immer Ausnahmen: Das Artistenpaar Aaron & Jeanette zeigte in den 1970er- und 1980er-Jahren riesige Tigerpythons. Sie besaßen 50 Tigerpythons und traten in vielen TV-Shows auf. Ihr größtes Weibchen, Ira

OBEN: In der LaKaa-Schlangenshow werden bis zu 6 m lange und 100 kg schwere Riesenschlangen in spektakulärer Weise präsentiert. Hier halten Mitglieder der Truppe den in Kapitel 4 erwähnten Tigerpython mit Namen Beatrice.

mit Namen, hatte sicherlich deutlich eine Länge von über 6 m. Interessanterweise hatte dieser Python noch Zeit, fleißig für Nachwuchs zu sorgen, und brachte im Laufe seines Lebens 200 Jungpythons zur Welt. 2 der Nachfahren sind ein Beleg für die individuellen Wachstumsgeschwindigkeiten. Während einer in 8 Jahren lediglich auf 2,8 m heranwuchs, erreichte ein Tier des gleichen Wurfes eine ähnliche Größe wie die Mutter.

*

DIE HEUTZUTAGE GRÖSSTEN Pythons in Deutschland hat die LaKaa-Schlangenshow in ihrem Programm; sie ist durch ihren Auftritt bei Stars in der Manege einem größeren Publikum bekannt. In bunter Aufmachung und mit akrobatischen Einlagen werden bis zu 6 m lange und bis zu 100 kg schwere Pythons präsentiert. Der größte Tigerpython war Beatrice (siehe Seite 67). Zum Transport derart großer Tiere werden bis zu 30 kg schwere, beheizbare Boxen verwendet, außerdem sind auch Tragesäcke mit mehreren Schlaufen zur Überwindung von Treppen im Einsatz. In den Phasen der Häutung und Fütterung bleiben die großen Pythons in Terrarien und haben »Auftrittspause«.
In den berühmtesten Arenen der Zirkuswelt treten bis heute Schlangentänzerinnen und Schlangenvorführer auf.
In ihren Kostümen vereinen sich Exotik, orientalische Pracht und das Geheimnisvolle einer fernen Welt.Gespannt wartet das Publikum auf den Augenblick, da das Reptil gezeigt wird.
Kleinere Tiere nimmt die Tänzerin zuerst um den Hals, mittelgroße werden über dem Kopf gestemmt. Die größten Exemplare kommen zum Schluss der Vorführung, sozusagen als optischer Höhepunkt, sie wirken alleine durch ihre Länge und Masse. Eines der längsten Tiere ist ein 6-m-Netzpython des Zirkus Krone in München, der allerdings extrem schlank ist und kaum 50 kg auf die Waage bringt. In einem australischen Wanderzirkus trat die Schlangentänzerin »Cleopatra« mit einem gewaltigen Amethystpython auf. Diese

OBEN: **Auf dem historischen Gemälde links (Paul Friedrich Meyerheim: Menagerie) wird eine Riesenschlange dem staunenden Publikum präsentiert. Nicht weniger exotisch wirkt die alte Aufnahme einer Schlangentänzerin (rechts).**

Nummer ist auf einem alten Foto dokumentiert, und man erkennt darauf, dass auch der australische Amethystpython erstaunliche Dimensionen erreichen kann. Diese Vorführschlange maß etwa 5 m und hatte Oberarmdicke. Auge in Auge, die Hände um den Rumpf gelegt, so hantierte die mutige Tänzerin mit ihm direkt vor den Zuschauern.

War dies vor dem Zweiten Weltkrieg, so treten noch heute Schausteller in kleinen Zirkusmanegen, Ausstellungen oder sogar Supermärkten auf, die mit großen Tigerpythons oder Netzpythons die meist jugendlichen Zuschauer beeindrucken. Auch B. Clark, einer der bekanntesten Schlangenzüchter aus Texas, führte bei diversen Gelegenheiten gerne einen Netzpython vor, der immerhin 7,30 m maß und 155 kg schwer war. Leider verstarb das rekordverdächtige Tier 2004 – möglicherweise an Verfettung.

Im Zoologischen Garten

Begibt man sich auf die Suche nach der größten bzw. längsten Riesenschlange der Welt, wie das schon einige Abenteurer vor uns getan haben, so schweben der Mehrheit der Bevölkerung strapaziöse, wochenlange Expeditionen bis tief in den Regenwald vor. Dabei könnte doch die längste oder schwerste Schlange der Welt genauso gut hinter dickem Glas, auf Steinfliesen oder in einem betonierten Kunstteich in einem Zoo zu finden sein. Schließlich sprechen durchaus gute Gründe für diesen Aufenthaltsort: Im Zoo ist ein kontinuierliches Nahrungsangebot vorhanden, die Schlange ist sicher untergebracht, hat hier keine Feinde und wird vor Parasiten geschützt. Auch Temperatur und Feuchtigkeit sind weitestgehend auf die jeweilige Art zugeschnitten, und größere Schwankungen bleiben aus. Dadurch erlangen Riesenschlangen in Zoos oft ein erstaunliches Alter, das Wildtiere im Allgemeinen nicht erreichen dürften. Wenn Riesenschlangen unter optimalen Bedingungen in der Wildnis leben, können sie aber sicherlich ähnlich alt werden wie in Menschenobhut. Unter »optimale Bedingungen« fallen natürlich auch vom Menschen unveränderte und ungestörte Lebensräume, die bekanntlich in Anbetracht der Bevölkerungsentwicklung, Siedlungspolitik und des kommerziellen Abbaus von Bodenschätzen und Holzeinschlags immer seltener werden.

*

BLICKEN WIR NOCH einmal zurück: 1879 stellt Claus Hagenbeck eine 8-m-Anakonda im Berliner Zoo zu einer Sonderausstellung aus, die zu diesem Zweck extra aus Hamburg antransportiert wurde. Es ist die erste große Riesenschlangenausstellung in einem deutschen Zoo, auch einige große Netzpythons sind dabei. Es sind also genau die beiden Arten der »Big Four«, die für die Weltrekordschlange die Favoriten sind. Über die oben genannte Anakonda wissen wir nur so viel, dass sie einmal 50 tote Babys gebar und am 2. 10. 1879 verstarb. Wahrscheinlich ist auch ihre Länge nicht korrekt vermessen worden, sodass sie in die Tabelle (S. 131) über die größten Riesenschlangen in Zoos nicht aufgenommen werden konnte. Zwischen 1900 und 1912 lebten bei Hagenbeck mehrere Netzpythons von 7–8,5 m Länge, die sogar nach den USA zu Ausstellungen per Schiff geschickt wurden. Euro-

UNTEN: **Auch heute noch sind große Riesenschlangen in Zoologischen Gärten, wie dieser Tigerpython aus dem Berliner Zoo, zu bewundern.**

OBEN: **In den Zoologischen Gärten wird heutzutage sehr auf die natürlichen Bedürfnisse der Tiere geachtet. Dazu gehört beispielsweise ein großes Wasserbecken für die Anakondas.**

pa hatte zu diesem Zeitpunkt über die Kolonialmächte und ihre Handelswege Zugang zu Pythons aus Indien, dem kontinentalen und insularen Südostasien. Nach dem Ersten Weltkrieg gelangten dann Pythons und andere Riesenschlangen in die Zoos der USA, und die Zeit der großen Expeditionen zum Tierfang begann. Die Liste rechts nennt die größten Exemplare, die bis in die 1990er-Jahre in Zoos gehalten wurden.

*

ALS IN DEN 1970ER-JAHREN die Terrarienhaltung auch im Privatbereich immer populärer wurde, erkannten die Zoos rasch die Attraktivität besonders großer Exemplare. Für Zoologische Gärten und zunehmend auch für spezialisierte Reptilienparks sind große Riesenschlangen der Publikumsmagnet schlechthin. Auch wenn solche Exemplare einen enormen Platz beanspruchen, richtet der Träger des Unternehmens gerne ein Großterrarium ein, weiß er doch, dass große Besucherzahlen die Investitionen rasch wettmachen.

Für jeden Zoo ist heutzutage die PR-Arbeit genauso wichtig wie die Arbeit an den Insassen: Als im Dezember 2002 im New Yorker Bronx Zoo der weibliche Netzpython Samantha starb, ging diese Meldung um die ganze Welt. War sie doch bis dahin eine absolute Zuschauerattraktion mit ihren fast 8 m Länge gewesen. Viele Videos wurden über sie gedreht, und auch ein breites Publikum kannte diesen Netzpython mit dem dunklen Kopf aus den weltweit ausgestrahlten Dokumentationen der BBC.

*

EIN TIGERPYTHON mit Namen Baby ist mit 6,5 m Länge zwar nicht die größte und schwerste Schlange in einem Zoo, ist aber trotzdem ein sehr eindrucksvolles Tier - und sicher einer der größten Tigerpythons, die in Gefangenschaft gepflegt werden. Er vertilgt bis zu 20 kg Futtermasse pro Mahlzeit und wäre durchaus im Stande, eine Ziege, ein Schaf oder ein kleines Schwein zu fressen.
Bekannt wurde der Tigerpython auch dadurch, dass eine kleinere Schwester einen Mann angriff und ihn an der Schulter packte, als er dem Tier unachtsamerweise den Rücken zuwandte. Nur dem Umstand der Anwesenheit eines beherzten Freundes verdankt er sein Leben. Der Freund konnte ihn befreien, und in einem rasch herbeigerufenen Sanitätsfahrzeug wurde das Herz wieder zum Schlagen gebracht. Der Würgedruck einer Schlange von 6 m Länge und über 100 kg Gewicht ist im wörtlichen Sinne atemberaubend.

*

IN EINER AKTUELLEN Liste werden alle uns bekannten sehr großen Riesenschlangen in Zoologischen Gärten aufgelistet (siehe Tabelle). Von vielen Schlangen ist es allerdings schwierig, regelmäßig neue Details zu erfahren, und die Fluktuation großer Riesenschlangen in den Käfigen ist enorm hoch. Nach meiner Einschätzung für die Zoo-Exemplare der »Big Four« haben eine ganze Reihe von Anakondas die 5-m-Marke überschrit-

Große, über 5m lange Exemplare aus zoologischen Gärten, die auch heute noch bewundert werden können. Weltweit gibt es viele hundert Zoos und Reptilienparks, in denen sicher noch eine ganze Reihe weiterer stattlicher Exemplare vorhanden sind.

ART	GRÖSSE/GEWICHT	ZOO/REPTILIENPARK
Netzpython	über 7,6 m, über 125 kg	Privatzoo auf Bali, Indonesien, siehe S. 52
Netzpython	über 7 m	Australia Zoo in Darwin, Australien
Netzpython	knapp 7 m, ca. 100 kg	Haus der Natur in Salzburg, Österreich
Netzpython	6,6 m, ca.100 kg	Genting Highlands Pahang Zoo, Malaysia
Dunkler Tigerpython	über 6,4 m, über 120 kg	Privatzoo in Gurnee, USA
Netzpython	über 6,3 m, ca. 120 kg	Zoo bei Fort Lauderdale in Florida, USA
Netzpython	über 6 m, (mehrere Tiere)	Zoo von Bangkok, Thailand
Netzpython	ca. 6 m	Reptilienzoo Nockalm, Österreich
Große Anakonda	über 5,8 m, über 85 kg	Zoo San Diego, Kalifornien, USA
Dunkler Tigerpython	über 5,5 m, ca. 90 kg	Zoo Seattle, Washington, USA
Netzpython	ca. 5,5 m. 65–70 kg	Zoo Neuwied, Deutschland
Netzpython	über 5,4 m, über 68 kg	Zoo in Dresden, Deutschland
Dunkler Tigerpython	über 5,3 m, (mehrere Tiere von fast gleicher Größe)	Iguana-Reptilienzoo in Vlissingen, Niederlande
Dunkler Tigerpython	über 5,2 m, über 85 kg	Reptile Haven in Escondido, Kalifornien, USA
Dunkler Tigerpython »Albino«	ca. 5,1 m	Zoo von Maryland, USA
Dunkler Tigerpython	über 5 m	Reptilium in Landau/Pfalz, Deutschland
Netzpython	über 5 m	Reptilienzoo Oberhof, Deutschland

ten, nur wenige jedoch dürften aktuell über 7 m lang sein. Dies hatte 1982 bereits Petzold in seinem Buch über die Anakondas festgestellt, und daran dürfte sich auch in näherer Zukunft vermutlich nicht viel ändern. Seit dem Tod des großen Netzpythons Samantha mit knapp 8 m Länge im New York Bronx Zoo ist uns kein Netzpython von dieser Länge in Menschenhand bekannt. Allerdings könnte es sein, dass demnächst der schon zuvor erwähnte Netzpython auf Bali eine Länge von 8 m erreicht (siehe S. 52).
In Europa leben einige Netzpythons mit knapp 7 m Länge, einer davon im Haus der Natur in Salzburg. Große Felsenpythons sind besonders rar in Zoologischen Gärten und Reptilienparks. Uns sind zurzeit keine besonders großen Exemplare bekannt. Die größten Tigerpythons leben in den USA, einige davon sicher deutlich über 6 m lang. In Rom wird ein Exemplar privat gehalten; es ist mit etwas über 6 m Länge und 130 kg Gewicht wahrscheinlich der größte Tigerpython in Europa.

In Film und Fernsehen

Schon im ältesten Drama der Menschheitsgeschichte spielte die Schlange eine wichtige, leider auch sehr undankbare Rolle. Von diesem Image der Gefahr, der Verführung und der Faszination ist sie bis heute nicht losgekommen.
Nicht nur mit ganz giftigen, pfeilschnellen Giftnattern Afrikas, Asiens und Australiens oder den von Bäumen herabhängenden Lanzenottern lässt sich Gruseln und Spannung erzeugen, sondern auch mit baumdicken Pythons und Anakondas. Einen drolligen 10-m-Plastikpython verwendeten die Filmemacher als Schlange Kaa in der ersten Dschungelbuch-Verfilmung von 1941. Damals spielte Sabu den Mogli, schwamm um den Riesenpython

OBEN: **Mark O'Shea posiert mit einer großen Anakonda in Venezuela für seine englische TV-Serie beim Sender Animal Planet.**

geklammert durch Sümpfe und trübe Dschungelseen. Echte Riesenschlangen wurden bei Tarzanfilmen, Regenwaldabenteuern oder Katastrophenwerken verwendet, allerdings mit meist recht kleinen Exemplaren. Bei Harry Potter musste wieder eine modellierte Schlange, ein Tigerpython, herhalten. Im zweiten Film saß dann ein Saurierkopf auf einem überdimensionierten Riesenschlangenkörper und wurde als »Basilisk« bezeichnet (siehe Kapitel 8).

Nicht immer liefen die Drehszenen ohne Zwischenfälle ab, es gab sogar den einen oder anderen glücklicherweise nur glimpflichen Unfall: Bo Derek, eine amerikanische Filmschauspielerin, konnte sich von der Kraft und Wendigkeit eines Netzpythons leibhaftig überzeugen. Und als der Geo-Reporter McIntyre 1969 einen verrückten Amazonas-Abenteurer namens Mike besuchte, erzählte der ihm mit glänzenden Augen von Riesenanakondas und deren Würgekraft. Am nächsten Tag führte er dem verdutzten Reporter einen Schaukampf mit einer angeblich zahmen Anakonda vor: Das Tier war etwa 5 m lang und wog 83 kg. Fast wäre es der letzte Kampf gewesen, 6 Helfer zogen den Urwald-Helden in letzter Minute aus der Umklammerung und brachten ihn ins Krankenhaus, wo er sich 14 Tage lang von den Folgen dieses Kampfes kurieren musste.

RIESENSCHLANGEN SIND heutzutage nicht selten die Hauptattraktion von Dokumentationen von verschiedensten Fernsehsendern. Speziell BBC, Animal Planet und Discovery Channel haben sich mit Schlangendokumentationen hervorgetan. Der bereits erwähnte Steve Irwin hangelte sich durch seinen Geräteschuppen, zeigte einen Teppichpython hier, einen Albino-Tigerpython dort, und versuchte über das Element Witz und Spaß elementare Praxistipps an den Zuschauer zu vermitteln. Irwin selbst hat diese Sensations- und Abenteuerlust 2006 das Leben gekostet. Er wurde in Australien durch den Stich von einem giftigen Rochen getötet. Auch die immer wieder in Reportagen gezeigten Fangaktionen großer Netzpythons und Anakondas sollten natürlich keinem Zuschauer als Vorbild dienen und echten Schlangenexperten wie den erwähnten Mark O'Shea oder Jules Sylvester vorbehalten bleiben.

*

ZU DEM LANGZEITPROJEKT über die Große Anakonda, das ihr Verhalten, ihre Fortpflanzung und ihre Rolle im Ökosystem der tropischen Flachlandbiotope erforscht, wurden immer wieder Berichte gedreht. Immerhin hat man während der Studie 820 Anakondas gefangen und vermessen und 20 von ihnen mit Peilsendern verfolgt. Als Höhepunkt sieht man dann immer den Biologen Jesus Rivas leichtsinnigerweise mit nackten Füßen zwischen den Wasserpflanzen hindurchwaten, um Anakondas aufzuspüren. Die Jagd nach der größten Schlange der Welt wird zunehmend öfter gefilmt und zieht sich durch alle Fernsehkanäle. Falls also irgendwo auf der Welt tatsächlich ein 10-m-Exemplar gefunden wird, sind wir vermutlich alle hautnah dabei. Bei Pressemeldungen ist allerdings nach wie vor eine gehörige Portion Skepsis angezeigt, werden doch regelmäßig aus Brasilien, Malaysia oder Indonesien Riesentiere von 12 oder 14 m Länge angekündigt.

UNTEN: **Bei Günther Jauchs SternTV wird der Autor Lutz Dirksen über seine Expedition nach der Suche der größten Schlange der Welt von Herrn Jauch interviewt. Natürlich darf dazu eine große Anakonda nicht fehlen, die extra aus Hamburg von einem privaten Halter ins Studio nach Köln-Hürth gebracht wurde (rechtes Bild).**

Riesenschlangen in Menschenhand

von Henry Bellosa

WIE BEREITS in den vorausgegangenen Kapiteln beschrieben, wurden die größten bekannten Exemplare der Gattung *Python* und *Eunectes* seit 170 Jahren in Gefangenschaft gehalten. So manche berühmte Schlange verbrachte viele Jahre ihres Lebens hinter Gittern oder Glas und wurde zum Publikumsliebling und Magneten für Besucher aus aller Welt. In einigen Fällen entwickelte sich ein geradezu individuelles Verhältnis zwischen Schlange und Pfleger, was der erfahrene englische Pythonkenner John Foden seinen Besuchern immer wieder erläutert.
Auch wenn respektvolles Hantieren und Beachten des nötigen Sicherheitsabstandes in den Großanlagen der Zoos und Reptilienparks täglich praktiziert wird, bleiben Unfälle nicht aus. Aus dem Aquarium des Kölner Zoos wurde folgender Vorfall berichtet: Ein Pfleger öffnete die Tür zum Großterrarium der Netzpythons, nicht ahnend, dass eines der größeren Exemplare von innen dagegenlehnte. Da der Pfleger ein Futtertier in Händen hielt, griff der Python direkt an und umschlang den völlig überraschten Pfleger um Brust und Schultern. Durch rasches Eingreifen der Mitarbeiter konnte Schlimmeres verhindert und nach einem mehrwöchigen Klinikaufenthalt die Gesundheit des Pflegers wiederhergestellt werden.

*

EINE RIESENSCHLANGE von 4 und mehr Metern Länge kann in einem Privathaushalt nur in Ausnahmefällen artgerecht und risikoarm gepflegt werden. Stets muss dann ein separater Raum zur Verfügung stehen, der einen doppelten Eingang mit Glastür und Fensterflächen zur Einsicht bietet. Zur Beheizung eignet sich eine Bodenheizung, die über einen Temperaturregler mindestens die Hälfte der Bodenfläche erwärmt, zusätzlich einige Wärmelampen, die lokale Wärmeinseln schaffen, und eine Beleuchtung, die auch unterschiedliche Lichtintensitäten über den Raum verteilt: Dämmerlicht und helle Inseln wechseln sich darin ab. Über moderne Zeitschaltuhren lassen sich Tag- und Nachtrhythmus relativ gut simulieren. In abgegrenzten Bereichen wird natürliches Bodensubstrat aufgebracht, etwa Rindenmulch oder ein Gemisch aus Erde und Mulch, andere Bereiche können beispielsweise gefliest sein. Das Wasserbecken hat einen eigenen Wasserkreislauf, bei dem sich die Zulauftemperatur genau einstellen lässt. Große Steine sind nicht nur sehr dekorativ, sondern können auch bei der Häutung hilfreich sein. Kletteräste sorgen für eine bessere Raumnutzung, müssen aber extrem gut verankert werden: Es geht nämlich nicht nur um das Gewicht der Schlangen, sondern auch um ihre Angewohnheit, Spalten und enge Zwischenräume zu durchkriechen. Ein großer Tigerpython eines Freundes klemmte sich derart ein, dass er dabei ums Leben kam. Zwischen Zugangstüre und nächstem Ast müssen mindestens 3 m Abstand sein, das Wasserbecken ist am günstigsten an der gegenüberliegenden Wand zu installieren.

*

EIN WEITERER Gesichtspunkt beim Planen eines »Schlangenzimmers« ist die Fütterungsmethode: Der Halter muss regelmäßig große Futtertiere besorgen (Ratten, Kaninchen, Geflügel), diese fachgerecht töten und gefahrlos im Lebens-

raum der Schlange platzieren. Zur Hilfestellung und Überwachung der Riesenschlange muss eine 2. Person anwesend sein. Ebenso sollten Abwehrmaßnamen bekannt und ein Notfalltelefon stets verfügbar sein. Zusätzlich braucht der Halter die Gewähr, dass ein erfahrener Tierarzt ins Haus kommen kann und dass seine Versicherung Personenschäden in ausreichender Höhe abdeckt.
Die Kombination dieser notwendigen Voraussetzungen für eine Pflege groß werdender *Python*-Arten oder der Großen Anakonda ist auch mit erheblichen Kosten verbunden, mit sehr viel Toleranz der Mitbewohner und zeitintensivem Einsatz für die Pfleglinge. Leider werden dabei oft Kompromisse eingegangen, die zu Lasten der Schlangen gehen und die Haltung zumindest in Frage stellen.
Auch eine *Boa constrictor,* ein Teppichpython oder eine Gelbe Anakonda sind stattliche Tiere, die alle Aspekte einer kräftigen Würgeschlange zeigen und dennoch mit einfacheren Mitteln erfolgreich zu pflegen sind.

*

EIN WICHTIGER ASPEKT bei der Haltung von Riesenschlangen ist die Frage nach der Tötung der Futtertiere. Alle Schlangen sind Fleischfresser. Im Gegensatz zu vielen Nattern (Familie Colubridae) sind Riesenschlangen Totfresser, d. h. die Beutetiere werden von ihnen aktiv erwürgt, oder, dafür gibt es bisher noch wenige Hinweise aus der Feldforschung, frisch tot gefunden. Die Beutetiere brauchen beim eigentlichen Fressvorgang keine »hohen« Temperaturen zu haben, Zimmertemperatur ist völlig ausreichend.
Für den Schlangenhalter besteht auf Grund strenger Gesetze ein gewisses Dilemma. Laut § 1 des Tierschutzgesetzes darf niemand einem Tier ohne vernünftigen Grund Schmerzen, Leiden oder Schäden zufügen, und eine Tötung darf nicht grundlos erfolgen, sondern höchstens mit ethischer Rechtfertigung. In § 4 des Tierschutzgesetzes heißt es weiter, dass außerdem nur derjenige töten darf, der die notwendigen Kenntnisse und Fähigkeiten hat.

OBEN: **Eine prächtige Große Anakonda wird vom Autor Henry Bellosa gehalten und näher untersucht.**

Für den Schlangenhalter bleiben eigentlich nur die Möglichkeiten, tote Futtertiere in Zoofachgeschäften zu kaufen oder den Schlangen lebende Tiere zu geben, obwohl ein Futtertier durch gekonntes und schnelles Töten, wenn auch ohne entsprechende Ausbildung, weniger leiden muss. Das Füttern von lebenden Tieren, z. B. Ratten, kann auch insofern problematisch werden, weil die Nagetiere die Inneneinrichtung des Terrariums beschädigen können oder sogar einer Schlange ernsthafte Verletzungen zufügen können.

*

SCHLANGEN SOLLTEN keinesfalls als Statussymbol missbraucht werden, der frühzeitige Tod vieler Pythons oder die verzweifelte Suche nach einem Platz für zu groß gewordene Exemplare sind Indizien für Fehleinschätzungen der eigenen Möglichkeiten. Selbst öffentliche Anlagen wie Schauterrarien von Zoos oder Reptilienparks bieten oft völlig ungeeignete Unterbringungsmöglichkeiten, die alles andere als artgerecht sind. Ausnahmen bestätigen indes auch hier die Regel, denn es gibt durchaus Reptilienzoos, die Tiger- und Netzpythons in hervorragend gestalteten Großterrarien und der Natur nachempfundenen Kleinlebensräumen zeigen, in denen die Tiere eine optimale Raumnutzung mit z. B. Felsrelief, Wurzelstöcken und verschiedenen Pflanzen vorfinden. Gerade dann, wenn der Python oder die Anakonda sich vor dem Auge des Betrachters nach Belieben zurückziehen kann, handelt es sich um eine fortschrittliche, moderne Tierpflege.

*

DIE MEISTEN KÄUFER von Riesenschlangen entscheiden sich für die Aufzucht von jungen und noch kleinen Tieren und erwerben diese von einem Züchter oder Händler, z. B. in einem Zoofachgeschäft oder auf einer Reptilienmesse. Bevor eine Riesenschlange gekauft wird und Einzug ins Terrarium hält, sollte dieses inklusive der Technik und allen Pflegeutensilien zweckdienlich und komplett eingerichtet sein.
Bei der Frage nach der Terrariengröße gilt es 2 Aspekte im Auge zu behalten: Wie lange kann ich darin meine Riesenschlange pflegen, und passt das Terrarium zu den Ansprüchen an den Lebensraum der Schlangenart? Gerade durch die weit verbreitete Unkenntnis von Reptilienhaltern, wie welche Art zu pflegen und vor allem zu halten ist, hat der Bundesverband für fachgerechten Natur- und Artenschutz e.V. (BNA) am 10. Januar 1997 ein Gutachten über die »Mindestanforderungen an die Haltung von Reptilien« herausgegeben. In diesem Gutachten heißt es beispielsweise, »vor dem Kauf eines Reptils müssen Kenntnisse über die Biologie der betreffenden Art und die sich daraus ergebenden Haltungsanforderungen erworben sowie ein Terrarium für seine artgemäße Haltung vorbereitet werden«. Allerdings heißt es dort auch, »Riesenschlangen sind beispielsweise wenig bewegungsaktive Lauerräuber oder Stöberer, die mögliche Aufenthalte ihrer Beutetiere untersu-

LINKS: Y. Siah aus Bangkok betrachtet seinen Dunklen Tigerpython. Da diese Aufnahme wenigstens 30 Jahre alt ist, kann dieses Prachtexemplar nicht mehr lebendig bewundert werden. Der Python maß knapp 6 m und häutete sich über 140-mal.

chen. Ihr Raumbedarf ist daher im Verhältnis zu ihrer Größe relativ gering«.

*

NUN TREFFEN NICHT alle hier beschriebenen Anforderungen auf allgemeinen Zuspruch. So wird z. B. in einem anschließenden Differenzprotokoll des Naturschutzbundes (NABU) erwähnt, »die Haltung groß werdender Arten von Schlangen, Leguanen und Waranen sollte ebenso, wie bei den Krokodilen geschehen, nur genehmigt werden, wenn entsprechende Anlagen auch für erwachsene Tiere vorhanden sind«. Dieser Punkt ist gerechtfertigt, wenn man die vermeintlich vorgeschriebene Mindestgröße der Terrarien von 75 cm Länge, 50 cm Breite und 50 cm Höhe für über 2,5 m lange Pythons und Anakondas erfährt! Diese Größenangabe macht allerdings eher den Eindruck eines Druckfehlers. Ein weiteres Differenzprotokoll des Deutschen Tierschutzbundes erklärt ebenfalls, das die »im Gutachten genannten Gehegegrößen und Mindestanforderungen für die Dauerhaltung von Reptilien nicht ausreichend sind«. Weiter heißt es, »eine verhaltensgerechte Unterbringung der Tiere und artgerechte Bewegungsmöglichkeiten gemäß § 2 des Tierschutzgesetzes werden durch das Gutachten nicht garantiert«. Zu Recht wird von NABU und dem Deutschen Tierschutzbund ein Sachkundenachweis von den Tierhaltern verlangt, um eine »verhaltensgerechte Unterbringung der Tiere« zu gewährleisten. Der Deutsche Tierschutzbund vertritt außerdem die Meinung, dass »in jedem Fall auf die Privathaltung von Arten zu verzichten ist, die besonders groß und alt werden«. Diese letzte Anmerkung ist in der Tat voll zu unterstützen, blickt man auf die diversen, auch fatalen Zwischenfälle zurück (siehe Kapitel 7).

*

DIE DEUTSCHE Gesellschaft für Herpetologie und Terrarienkunde e.V. (DGHT) veröffentlichte im April 2004 die 2. Ausgabe eines Merkblattes über »Allgemeine Empfehlungen zur Haltung von Riesenschlangen«. Darin heißt es u. a., »im besonderen Maße sind vom Pfleger großwüchsiger Arten Besonnenheit und Umsicht sowie möglichst mehrjährige Erfahrungen in der Schlangenhaltung zu erwarten. Eine Riesenschlangenhaltung aus falschem Ehrgeiz, Imponiergehabe oder Renommiersucht ist abzulehnen. Die Aufsichtspflicht gegenüber Kindern und fremden Personen ist unbedingt zu beachten. Zum Nachweis der erforderlichen Fachkenntnisse sollte der entsprechende Sachkundenachweis erworben werden.«

OBEN: **Der Teppich- oder Rautenpython *(Morelia spilota variegata)* wird selten länger als 3 m und benötigt dadurch weniger Platz als die ganz großen Riesenschlangen. Sein oft unberechenbares Temperament steht jedoch einer größeren Beliebtheit im Wege.**

*

NUN FEHLT LEIDER bisher die entsprechende Kontrollinstanz. Zuständig sind die einzelnen Bundesländer, in denen es jetzt zum Teil Bestrebungen gibt, einen Sachkundenachweis gesetzlich einzufordern. Bisher waren beim Erwerb eines jungen

Netzpythons oder einer Großen Anakonda nur die Nachweise zum Artenschutzgesetz gefordert (Washingtoner Artenschutzübereinkommen, EU-Artenschutzverordnung oder, eher seltener, Bundesartenschutzverordnung). Jeder, der schon einmal eine große Reptilienbörse besucht hat, weiß, wie einfach es ist, ein Großreptil zu erwerben - das gilt im Übrigen auch für Nil- und Leistenkrokodile. Hier gibt es ohne Frage auch von Seiten der Gesetzgebung noch einige Löcher zu stopfen.

Neben den finanziellen Möglichkeiten sollte auch die Wohnungs- und Hausgemeinschaft in die Überlegungen mit einbezogen werden, immerhin könnte die Angst eines Nachbarn zu kostspieligen Prozessen führen. Während zahlreicher Schlangenvorführungen konnte ich umgekehrt aber auch schon viele Menschen für diese Mitbewohner unseres Planeten begeistern und damit viele Vorurteile zurechtrücken.

BABYSCHLANGEN können zunächst in kleineren Terrarien gehalten werden. Gefüttert werden sie am besten einzeln und wöchentlich in separaten Behältnissen. Mittelgroße Exemplare brauchen schrankgroße Behälter von 2-3 m^3 Rauminhalt; diese sollten mindestens 2 Türen haben, außerdem große Badebecken, Ablagen in verschiedenen Höhen und eine gut zu reinigende Bodenfläche. Gefüttert wird nur im Terrarium oder in einem separaten Terrarienteil, den man von außen abtrennen kann. Die *Boa constrictor* und der Teppichpython können in einer derartigen Anlage bis zur Endgröße gut gepflegt werden. Die Gelbe Anakonda braucht zusätzlich ein Wasserbecken von 1-2 m^2 Fläche; dieses sollte mit einem Ablauf versehen und vom Restterrarium abtrennbar sein. So lässt sich das Wasser leicht wechseln. Diese letztgenannte Art ist auch bezüglich der Wassertemperaturen recht robust und braucht kein beheiztes Wasserbecken.

BEI GENÜGEND MUSSE im Umgang mit den Jungschlangen werden sie meistens ruhig und berechenbar. Allerdings gelten einige Arten als schwieriger zu zähmen. Natürlich spielt auch der individuelle Charakter eine Rolle. Die Königsboa *(Boa constrictor)* zum Beispiel ist als junges und halberwachsenes Tier oftmals recht umgänglich. Ältere Exemplare ab 2 m Länge neigen meiner Erfahrung nach aber dazu, launisch zu werden und zu beißen. Ganz andere Dimensionen bekommen solche Vorfälle, wenn es sich um Pythons oder Große Anakondas von 5 m Länge handelt, die zudem noch mit dem Umschlingen beginnen.

BEI EINEM ANGRIFF eines 5-m-Tigerpythons auf einen Freund von mir half letztlich nur noch die Brechstange, um die Kiefer aus einer Schulterumklammerung zu lösen. Der kürzlich erfolgte Angriff auf eine Tänzerin in Florida, die einen 4-m-Tigerpython vorführte, zeigt die ganze Breite der möglichen Folgen für die Betroffene. Obwohl mehrere Personen zu Hilfe eilten, um den Python abzuwickeln, half erst eine Betäubung der Schlange durch einen Arzt weiter und führte zur Befreiung der Tänzerin. Diese erlitt einen Schock und musste sich in psychotherapeutische Behandlung begeben.

STEHT FÜR EIN ADULTES Pärchen Tiger- oder Netzpythons ein Raum von 20 und mehr Quadratmetern zur Verfügung, kann dieser durch günstige Platzierung von Badebecken, Unterschlupfnische und Kletterästen so übersichtlich gestaltet werden, dass eine Begehung durch den Halter mit wenig Risiko verbunden ist. Natürlich ist ein sehr großer Netzpython in der Lage, eine Strecke von 5 m in kurzer Zeit zurückzulegen, aber bei ausreichender Fütterung wird er das nur bei Bedrohung oder Futtertiergeruch tun. Der Tiger-

OBEN: Die *Boa constrictor* ist nach wie vor eine der am häufigsten gehaltenen Riesenschlangen.

python ist erfahrungsgemäß etwas träger, ebenso die Große Anakonda. In derartigen Anlagen werden keine anderen Arten gehalten. Der afrikanische Felsenpython hat nur wenige Liebhaber in Deutschland und ist selbst in den großen Riesenschlangen-Terrarien ausländischer Reptilienparks nur sehr selten anzutreffen. In den letzten 12 Jahren meiner Besuche vieler derartiger Einrichtungen habe ich nur in 3 Fällen Felsenpythons gesehen. Sämtliche Exemplare hatten die 4-m-Grenze nicht überschritten.

Kapitel 10

Riesenschlangen im Handel – der lukrative und bedrohliche Kommerz!

LINKS: Neben dem nicht endenden Verlust der Lebensräume für viele Tierarten ist bei den Riesenschlangen auch der Handel mit den Häuten eine große Gefahr für den Bestand. Hier eine Große Anakonda.

Weltweiter Handel unter Aufsicht der IUCN

von Mark Auliya

LÄNGST IST BEKANNT, dass die Artenvielfalt (Biodiversität) der Subtropen, vor allem aber der Tropen ein enormes Artenspektrum aufweist. Ebenfalls nicht unbekannt ist die Tatsache, dass der Mensch als »erfolgreichstes Lebewesen« die Erde auf Kosten ihrer natürlichen Lebensräume zunehmend zersiedelt, ausbeutet und vernichtet. Die Weltbevölkerung hat die 6 Milliarden längst überschritten, der Schrumpfungsprozess verschiedener tropischer Ökosysteme bleibt unaufhaltsam. Die umweltverändernde Einwirkung des Menschen geschieht z. B. durch den radikalen Raubbau der Tropenhölzer, die Trockenlegung aquatischer Biotope sowie durch die Schaffung von Monokulturen und damit einhergehend das Ausbringen »chemischer Keulen«. Dies stellt auch für die an den Menschen teils hervorragend angepassten 4 abgehandelten Riesenschlangenarten eine akute Bedrohung dar.

*

DIE NUTZUNG natürlicher Ressourcen inklusive die Nutzung von Schlangenhäuten liegt nicht mehr in den Händen der lokalen Bevölkerung, sondern längst im kommerziellen, internationalen Welthandel. Schon in den 1960er-Jahren bemerkte man, dass der kommerzielle Handel mit Pflanzen und Tieren sowie Produkten oder Teilerzeugnissen dieser langfristig zu einer bedrohlichen Entwicklung für den Erhalt diverser Arten führen würde. Daher setzten sich die Mitglieder der Weltnaturschutzunion (IUCN) zusammen, um dieser Problematik mit entsprechenden Gesetzen entgegenzusteuern. Schließlich verabschiedete man 1973 in Washington D.C. einen völkerrechtlichen Vertrag (Konvention), an dem 80 Nationen beteiligt waren. Dieser trat 2 Jahre später, am 1. Juli 1975, in Kraft und nennt sich das »Übereinkommen über den internationalen Handel mit gefährdeten Arten frei lebender Tiere und Pflanzen« oder auch »Washingtoner Artenschutzübereinkommen« (englisch: »Convention on International Trade in Endangered Species«, kurz CITES). Bis heute sind 169 Mitgliedsstaaten diesem Abkommen beigetreten, Deutschland wurde 1976 Mitglied.

*

AN DIESER STELLE soll in aller Kürze auf die Funktionsweise von CITES eingegangen werden, mit dem Hintergrund, dass der Leser die nachfolgend dokumentierten Handelsbilanzen der 4 hier porträtierten Riesenschlangenarten auch nachvollziehen kann, weil vor allem der kommerzielle Hauthandel eine ernst zu nehmende Bedrohung darstellt.

CITES ist ein Instrumentarium, mit dem ausgewählte Arten durch ein Lizenzsystem einer Kontrolle und Handelsbeschränkungen unterworfen werden können.

Eine CITES-Wissenschaftsbehörde wägt die Auswirkung des Handels einer Art gegen ihren natürlichen Populationsbestand ab. Ergebnisse dieser Kommissionen werden alle 2 Jahre auf der CITES- oder WA-Vertragsstaatenkonferenz erörtert und aktualisiert. Alle im Washingtoner Artenschutzübereinkommen gelisteten Arten sind auf 3 Kategorien (I, II, III), die so genannten Anhänge (CITES-Appendices) verteilt. Diese geben Auskunft über den Schutzstatus bzw. die Schutzbedürftigkeit der jeweiligen Art.

Der internationale Schutzstatus und evaluierte Bedrohungsgrad der 4 Riesenschlangenarten (vgl. Text). Quelle: www.cites.org.

ART/UNTERART	CITES/WA	EU-ARTENSCHUTZRECHT	ROTE LISTE IUCN
Große Anakonda	II	B	–
Dunkler Tigerpython	II	B	LR/nt
Heller Tigerpython	I	A	LR/nt
Netzpython	II	B	–
Nördlicher Felsenpython	II	B	–

Seit dem 1. Juni 1997 gilt eine dem Washingtoner Artenschutzübereinkommen fast identische Rechtsgrundlage, das »Europäische Artenschutzrecht«, das die Kontrollfunktion für den europäischen Binnenmarkt übernimmt. Im Gegensatz zum WA-Abkommen wurde im Europäischen Artenschutzrecht noch ein 4. Anhang festgelegt. Die Anhänge des Europäischen Artenschutzrechts werden der Reihenfolge nach mit A, B, C, und D beziffert. Nach Definitionen des Bundesamts für Naturschutz sind diese Anhänge wie folgt in einer verkürzten Form definiert (vgl. auch www.bfn.de):

ANHANG A

Dieser Anhang enthält die im Anhang I von CITES oder WA aufgeführten Arten. Es handelt sich um vom Aussterben bedrohte Arten, die durch den Handel beeinträchtigt werden oder beeinträchtigt werden könnten. Hierunter fallen auch Arten, die nach Ansicht der Europäischen Union im internationalen Handel eine so große Nachfrage haben, dass mit dem Handel dieser Arten ihr Überleben gefährdet würde.

ANHANG B

Dieser Anhang enthält die im Anhang II von CITES oder WA aufgeführten Arten. Es handelt sich um Arten, deren Erhaltungssituation zumeist noch eine geordnete wirtschaftliche Nutzung unter wissenschaftlicher Kontrolle (Quotenregelung!) zulässt. Auch fallen solche Arten darunter, die international in solchen Mengen gehandelt werden, dass ihr Überleben oder das lokaler Populationen in bestimmten Ländern gefährdet werden könnte.

ANHANG C

Er enthält die im Anhang III von CITES oder WA aufgeführten Arten. Es handelt sich um Arten, die von einer der Vertragsparteien in ihrem Hoheitsgebiet einer besonderen Regelung unterworfen sind, sowie alle anderen von CITES oder WA erfassten Arten, die nicht in den Anhängen A oder B genannt sind.

UNTEN: **Auf einem Markt in Iquitos, Peru werden Essenzen gejagter und getöteter Tiere für zweifelhafte Heilmethoden angepriesen. Unter dem Begriff »Boa« werden allgemein Riesenschlangen angeboten, »Lagartos« wiederum sind die Kaimane.**

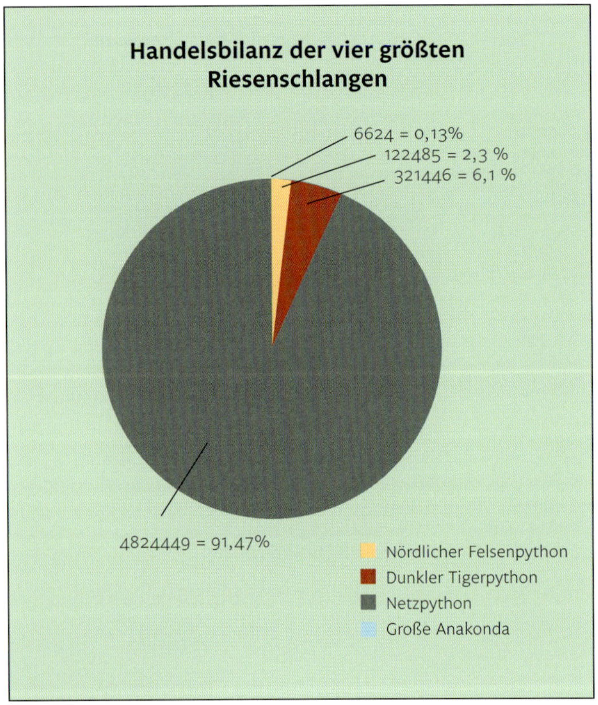

OBEN: **Handelsbilanzen der 3 Python-Arten und von der Großen Anakonda (Segment für die Darstellung zu klein) im Vergleich. Die Zahlen beziehen sich auf einzelne Exemplare, die lebend oder als Haut kommerziell im Zeitraum 1995–2004 gehandelt wurden. Quelle: www.cites.org.**

ANHANG D
Dieser Anhang enthält die Arten, bei denen der Umfang der Einfuhren in die Europäische Union eine mengenmäßige Überwachung rechtfertigt, um ggf. aus den daraus ermittelten Zahlen einen verstärkten Schutzstatus zu implizieren.

*

SEIT DEM OFFIZIELLEN Bestehen von CITES (1975) wurde die gesamte Familie Boidae (heute werden die Pythons in die Familie der Pythonidae eingereiht) bis auf wenige Ausnahmen im Anhang I in den Anhang II gestellt. Der Helle Tigerpython *(Python molurus molurus)* steht im Anhang I. Die Rote Liste der Weltnaturschutzunion (IUCN) listet nur den Tigerpython *(Python molurus)* in der Kategorie (LR / nt, »Lower Risk / near threatened«), unterscheidet allerdings nicht nach den derzeit bekannten Unterarten. Dabei befindet die IUCN den Populationsstatus des Tigerpythons als noch nicht bestandsgefährdend, von einem nach der IUCN definierten Bedrohungsstatus aber nicht weit entfernt. Die Tabelle auf S. 143 fasst den internationalen Schutzstatus der 4 größten und längsten Schlangenarten weltweit zusammen.

*

UM DEN KOMMERZIELLEN Handel der 4 Riesenschlangenarten zu dokumentieren, wurden die sogenannten Handels-Datenbanken des Washingtoner Artenschutzübereinkommens (www.cites.org) analysiert. Diese derzeit auf 7 Millionen Einträgen basierende Datenbank wird von dem Umweltprogramm der Vereinten Nationen geführt (www.unep-wcmc.org/).
Die über 50 000 von CITES gelisteten Wildtierarten lassen sich nach ganz unterschiedlichen Rubriken abfragen.
Für alle 4 Riesenschlangenarten wurde der Analysezeitraum 1995–2004 zugrunde gelegt. Weiterhin wurden nur Transaktionen (die hier auch als einzelne Lieferungen verstanden werden können) von lebenden Wildexemplaren und Häuten dieser abgerufen, die zu einem kommerziellen Zweck gehandelt worden sind. Als Exportländer wurden alle potenziellen CITES-Mitgliedsstaaten in die Abfrage einbezogen, die Verbreitungsländer der Arten und zum Teil Anrainerstaaten dieser darstellen. Daraus ergibt sich allenfalls eine Momentaufnahme der Handelsbilanzen, die keinen Anspruch auf absolute Werte erhebt bzw. das vollständige Exportvolumen aller Arten für eine abschließende Interpretation zulässt. Und es ist zu berücksichtigen, dass eine unbekannte Menge Häute von allen 4 Arten illegal gehandelt wird.

Handelsdaten des Nördlichen Felsenpythons *(Python sebae)*

Insgesamt sind 400 Transaktionen mit lebenden Felsenpythons oder Häuten dieser, inklusive Wiederausfuhren, dokumentiert (siehe Tabelle sowie Abb. unten). Ohne Wiederausfuhren ergeben sich daraus 221 Ausfuhren mit Angaben über die Importmenge. Die Importmenge ist die Menge, die das Importland registriert. In die Analyse eingegangen sind alle Transaktionen aus Ländern, die entweder als Herkunftsland oder Exportland als afrikanischer CITES Mitgliedsstaat registriert waren und somit ein potenzielles Verbreitungsland der Art darstellen. In 1 Lieferung erfolgte eine Größenangabe in Metern, die keine Aussage über die Anzahl von Häuten und somit Einzeltieren zulässt. Abzüglich dieser und derer, die ein für die Art nicht stimmiges Herkunfts- oder Exportland dokumentierten, bleiben 215 Transaktionen. Folgende Erkenntnisse ergeben sich nach Analyse dieser 215 Lieferungen:

1) In nur 39 Transaktionen wurde das Ursprungsland zusätzlich angegeben. Danach könnte man annehmen, dass in allen weiteren Transaktionen das Ursprungsland dem Exportland entspricht, allerdings ist diese Annahme ohne Gewähr.
2) Insgesamt verteilen sich die Importmengen auf 12 afrikanische Länder, die entweder als Ursprungs- und Exportländer für den Felsenpython in den jeweiligen Transaktionen registriert sind. Es handelt sich um Benin, Ghana, Guinea, Kamerun, Mali, Mosambik, Nigeria, Senegal, Sudan, Tansania, Togo und den Tschad.
3) In 1 Transaktion war die Herkunft der Importquelle unbekannt, d. h. es konnte nicht eindeutig von Wildexemplaren ausgegangen werden.

Das Verhältnis von Lebend- zu Hautexporten des Nördlichen Felsenpythons aus 12 afrikanischen Ländern im Zeitraum 1995–2004.
Quelle: www.cites.org.

	HÄUTE	LEBENDEXEMPLARE
Kamerun	31 454	0
Mali	26 734	2
Sudan	18 955	0
Guinea	14 907	74
Tschad	13 154	0
Togo	8149	2280
Benin	1429	2616
Senegal	548	49
Nigeria	104	0
Ghana	53	1719
Tansania	0	251
Mosambik	0	7

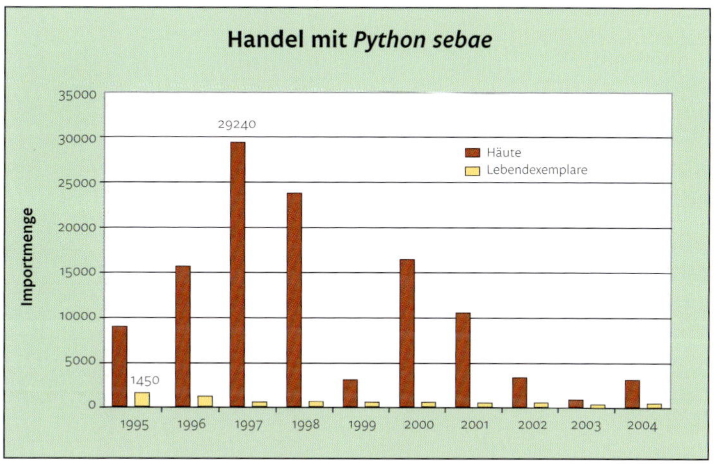

RECHTS: **Die Analyse der registrierten Importmenge des Felsenpythons zeigt eine starke Abnahme des Hauthandels zwischen 1997 und 2004.**

OBEN: **Die Bedeutung des Handels mit Felsenpythons (hier eine Terrarienaufnahme), ähnlich wie bei der Großen Anakonda, ist Dank des Washingtoner Artenschutzübereinkommens zurückgegangen.**

4) Die 215 Transaktionen dokumentieren Importmengen von 1 lebenden Exemplar oder 1 Haut bis hin zu 16 200 Häuten pro Lieferung.
5) Die gesamte Importmenge lebender *P. sebae* und Häute dieser ergab für den oben beschriebenen Zeitraum 122 485 Exemplare, davon 6998 Lebend- und 115 487 Hautexemplare.
6) Die 6 Importländer mit den größten dokumentierten Importmengen waren Spanien (72 623), Deutschland (15 177), Italien (12 667), die Vereinigten Staaten (10 019), Mexiko (4567) und Frankreich (mit 2757 Exemplaren).

Handelsdaten des Dunklen Tigerpythons *(Python molurus bivittatus)*

Insgesamt sind 276 Transaktionen mit lebenden Tigerpythons oder Häuten dieser, inklusive

Das Verhältnis von Lebend- zu Hautexporten des Dunklen Tigerpythons aus 8 süd- und südostasiatischen Ländern im Zeitraum 1995–2004. Quelle: www.cites.org.

	HÄUTE	LEBENDEXEMPLARE
Vietnam	121 093	31 298
Kambodscha	65 870	0
Thailand	55 167	0
Malaysia	44 445	2
China	1546	0
Indonesien	1126	15
Laos	559	0
Singapur	325	0

Wiederausfuhren, dokumentiert (siehe Tabelle sowie Abb. rechts). Ohne Wiederausfuhren ergeben sich daraus 153 Ausfuhren mit Angaben über die Importmenge. In die Analyse eingegangen sind alle Transaktionen aus Ländern, die entweder als Herkunftsland oder Exportland als südasiatischer/südostasiatischer CITES-Mitgliedsstaat registriert waren und somit ein potenzielles Verbreitungsland der Art darstellen. In 5 Lieferungen erfolgte eine Größenangabe in Metern, die keine Aussage über die Anzahl von Häuten und somit Einzeltieren zulässt. Abzüglich dieser und derer, die ein für die Art nicht stimmiges Herkunfts- oder Exportland dokumentierten, bleiben 139 Transaktionen. Folgende Erkenntnisse ergeben sich nach Analyse dieser 139 Lieferungen:

1) In 87 Transaktionen wurde das Ursprungsland zusätzlich angegeben. Danach könnte man annehmen, dass in allen weiteren Transaktionen das Ursprungsland dem Exportland entspricht, allerdings ist diese Annahme ohne Gewähr.
2) Insgesamt verteilen sich die Importmengen auf 8 asiatische Länder, die entweder als Ursprungs- und Exportländer für den Dunklen Tigerpython in den jeweiligen Transaktionen registriert sind.

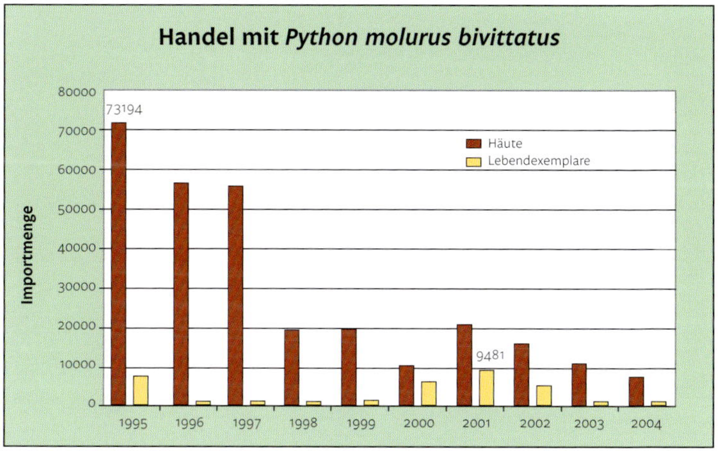

LINKS: **Die Analyse der registrierten Importmenge des Dunklen Tigerpythons zeigt auch eine starke Abnahme des Hauthandels zwischen 1995 und 2004.**

Es handelt sich um China, Laos, Kambodscha, Vietnam, Thailand, Malaysia, Singapur und Indonesien.

3) In 3 Transaktionen war die Herkunft der Importquelle unbekannt, d. h. es konnte nicht eindeutig von Wildexemplaren ausgegangen werden.

4) Die 139 Transaktionen dokumentieren Importmengen von 1 lebenden Exemplar oder 1 Haut bis hin zu 31 096 Häuten pro Lieferung.

5) Die gesamte Importmenge lebender *P. molurus bivittatus* und Häute dieser ergab für den oben beschriebenen Zeitraum 321 446 Exemplare, davon 31 315 Lebend- und 290 131 Hautexemplare.

6) Die 6 Importländer mit den größten dokumentierten Importmengen waren Japan (94 575), Singapur (93 262), Mexiko (38 801), die Vereinigten Staaten (32 472), Malaysia (18 266) und Hongkong (mit 16 644 Exemplaren).

Handelsdaten des Netzpythons *(Python reticulatus)*

Insgesamt sind 1667 Transaktionen mit lebenden Netzpythons oder Häuten dieser, inklusive Wiederausfuhren dokumentiert (siehe Tabelle unten sowie Abb. S. 149). Ohne Wiederausfuhren ergeben sich daraus 1112 Ausfuhren mit Angaben über die Importmenge. In die Analyse eingegangen sind alle Transaktionen aus Ländern, die entweder als Herkunftsland oder Exportland als südasiatischer/südostasiatischer CITES Mitgliedsstaat registriert waren und somit ein (potenzielles) Verbreitungsland der Art darstellen. In 40 Hautlieferungen erfolgte eine Größenangabe in Metern, in

Das Verhältnis von Lebend- zu Hautexporten des Netzpythons aus 9 süd- und südostasiatischen Ländern im Zeitraum 1995–2004.
Quelle: www.cites.org.

	HÄUTE	LEBENDEXEMPLARE
Malaysia	2 731 155	2886
Indonesien	1 871 714	23 907
Vietnam	142 359	2117
Thailand	37 028	50
»Asien«	6165	0
Singapur	3784	941
Laos	1432	0
Indien	550	0
China	360	0
Kambodscha	1	0

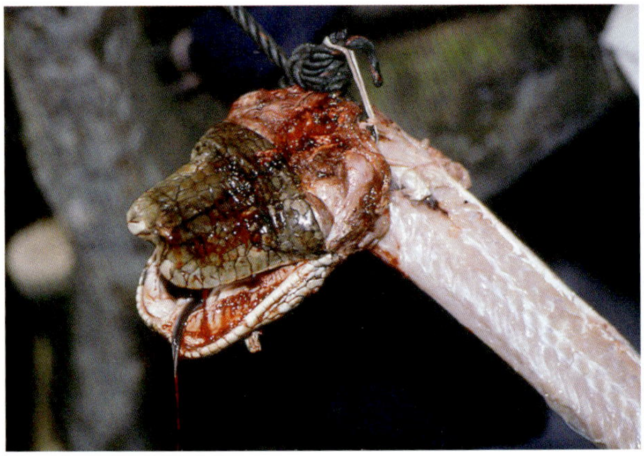

Schlangenhäute sind leider bis heute als edles Leder begehrt. In einer Abdeckerei in Indonesien werden den Netzpythons (oben links) die Bäuche aufgeschnitten (oben rechts) und danach die Haut abgezogen (Mitte links). Das Foto Mitte rechts zeigt den Kopf einer enthäuteten Schlange. Gürtel aus Schlangenleder (unten rechts) werden oft auf Märkten angeboten. Allerdings macht man sich strafbar, wenn man mit diesem Produkt versucht in die EU einzureisen.

1 in Gramm, in 4 in Kilogramm, in einer in Quadrat-»Fuß«, und bei 17 Hautlieferungen wurde der Größenumfang in Quadratmetern festgelegt. Ebenfalls wurde die Importmenge von 5 Lieferungen mit Kommawerten angeben. Alle diese Angaben lassen eine Aussage über die Anzahl von Häuten und somit Einzeltieren nicht zu. Abzüglich dieser und derer, die ein für die Art nicht stimmiges Herkunfts- oder Exportland dokumentierten, bleiben 1022 Transaktionen. Folgende Erkenntnisse ergeben sich nach Analyse dieser 1022 Lieferungen:

1) In 691 Transaktionen wurde das Ursprungsland zusätzlich angegeben. Danach könnte man annehmen, dass in allen weiteren Transaktionen das Ursprungsland dem Exportland entspricht, allerdings ist diese Annahme ohne Gewähr. In 5 Lieferungen wurde das Herkunftsland nicht spezifiziert, sondern »Asien« angegeben.
2) Insgesamt verteilen sich die Importmengen auf 9 asiatische Länder, die entweder als Ursprungs- und Exportländer für den Netzpython in den jeweiligen Transaktionen registriert sind. Es handelt sich um Indien, China, Laos, Kambodscha, Vietnam, Thailand, Malaysia, Singapur und Indonesien.
3) In 7 Transaktionen war die Herkunft der Importquelle unbekannt, d. h. es konnte nicht eindeutig von Wildexemplaren ausgegangen werden.
4) Die 1022 Transaktionen dokumentieren Importmengen von 1 lebenden Exemplar oder 1 Haut bis hin zu 212 873 Häuten pro Lieferung.
5) Die gesamte Importmenge lebender *P. reticulatus* und Häute dieser ergab für den oben beschriebenen Zeitraum 4 824 449 Exemplare, davon 29 901 Lebend- und 4 794 548 Hautexemplare.
6) Die 6 Importländer mit den größten dokumentierten Importmengen waren Singapur

Handel mit *Python reticulatus*

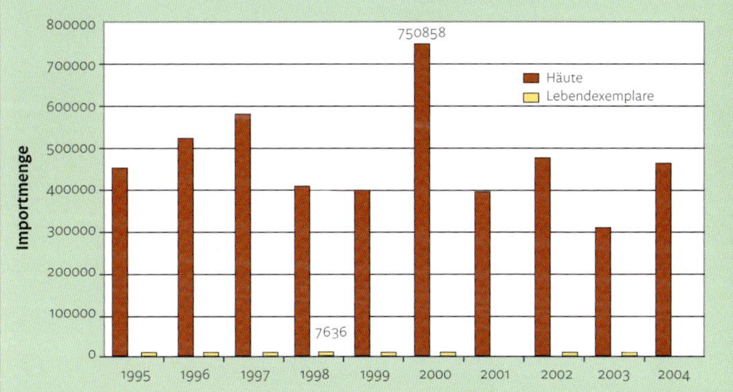

Handel mit *Python reticulatus* aus Vietnam

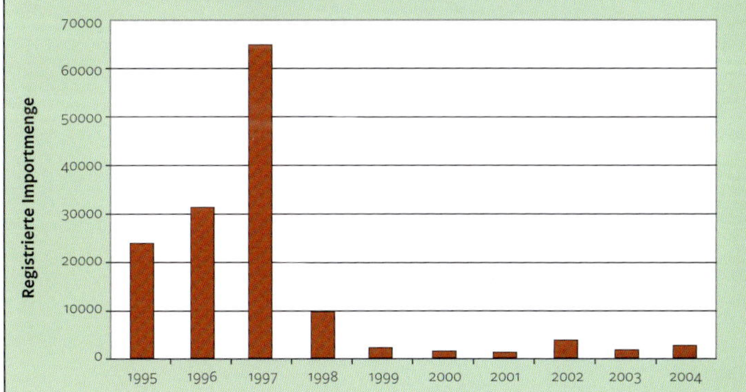

OBEN: **Die Analyse der registrierten Importmenge des Netzpythons zeigt einen enormen und wenig veränderten Hauthandel zwischen 1995 und 2004, der auf weitere Sicht als äußerst bedenklich eingestuft werden muss. Aus der unteren Grafik ist ersichtlich, dass in Vietnam der Fang und die internationale Vermarktung entgegen dem allgemeinen Trend stark rückläufig sind. Eine große Kampagne im Land hat die Vietnamesen gelehrt, dass der Netzpython ein wirkungsvoller Schädlingsbekämpfer ist und die Rattenplage eindämmt – offensichtlich mit Erfolg.**

(1 331 901), Italien (1 097 860), die Vereinigten Staaten (530 421), Japan (492 028), Mexiko (384 283) und Spanien (mit 328 635 Exemplaren).

Handelsdaten der Großen Anakonda *(Eunectes murinus)*

Insgesamt sind 221 Transaktionen mit lebenden Großen Anakondas oder Häuten dieser, inklusive Wiederausfuhren, dokumentiert (siehe Abb. unten). Ohne Wiederausfuhren ergeben sich daraus 154 Ausfuhren mit Angaben über die Importmenge. In die Analyse eingegangen sind alle Transaktionen aus Ländern, die entweder als Herkunftsland oder Exportland als südamerikanischer CITES Mitgliedsstaat registriert waren und somit ein potenzielles Verbreitungsland der Art darstellen. Nur in 1 Lieferung wurde als Herkunftsland Argentinien angegeben, wo *Eunectes murinus* nicht vorkommt, Argentinien ist aber ein Anrainerland zu Bolivien und Paraguay, wo die Anakonda natürliche Vorkommen aufweist. Demnach gehen 154 Transaktionen in die Analyse ein:

1) In 55 Transaktionen wurde das Ursprungsland zusätzlich angegeben. Danach könnte man annehmen, dass in allen weiteren Transaktionen das Ursprungsland dem Exportland entspricht, allerdings ist diese Annahme ohne Gewähr.
2) Insgesamt verteilen sich die Importmengen auf nur 5 südamerikanische Länder, die entweder als Ursprungs- und Exportländer für die Große Anakonda in den jeweiligen Transaktionen registriert sind. Es handelt sich um Argentinien, Peru, Surinam, Guyana und Trinidad/Tobago.
3) In 1 Transaktion war die Herkunft der Importquelle unbekannt, d. h. es konnte nicht eindeutig von Wildexemplaren ausgegangen werden.
4) Die 154 Transaktionen dokumentieren Importmengen von 1 lebenden Exemplar oder 1 Haut bis hin zu 1310 lebenden Anakondas pro Lieferung.
5) Die gesamte Importmenge lebender *E. murinus* und Häute dieser ergab für den oben beschriebenen Zeitraum 6624 Exemplare, von denen 6560 Lebendexemplare waren und nur 64 Hautexemplare. Die einzigen 2 Hautlieferungen entfielen auf einmalige Transaktionen von Peru und Argentinien, wobei Letzteres als Ursprungsland von 63 Häuten registriert ist.
6) Die 6 Importländer mit den größten dokumentierten Importmengen waren die Vereinigten Staaten (5171), Belgien (230), Kanada (194), Großbritannien (161), Mexiko (156) und Deutschland (mit 144 Exemplaren).

UNTEN: **Der Hauthandel der Großen Anakonda ist im Gegensatz zu den 3 Pythonarten praktisch zum Erliegen gekommen. Zwischen 1980–1987 wurden jedoch noch 89 167 Häute gehandelt (Quelle: Dirksen 2002).**

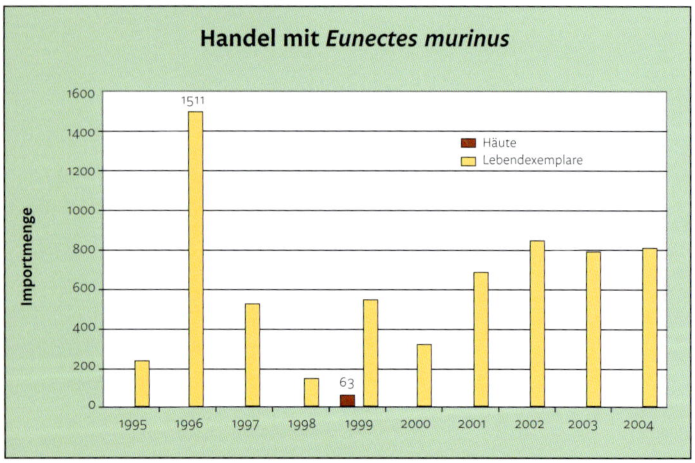

DEN UNTERSCHIEDLICH großen Einfluss des Lebend- und Hauthandels der 4 großen Riesenschlangen fasst die Abb. Seite 144 anschaulich zusammen. Deutlich wird der enorme wirtschaftliche Faktor des Hauthandels mit dem Netzpython *(Python reticulatus),* vor allem auch im Vergleich zu den anderen 3 Arten. Auch wird klar, dass die Große Anakonda *(Eunectes murinus)* überwiegend für den Lebendhandel auf dem internationalen Markt eine Rolle spielt.
Der aufmerksame Leser stellt sich nun die Frage, ob dieser intensive Hauthandel überhaupt eine nachhaltig genutzte Ressource für die Weltpopulationen ist, wenn man die oben illustrierten Handelsvolumina betrachtet. Oder anders formuliert: Ist die Relation wirtschaftlicher Interessen gegenüber dem internationalen Artenschutz ausgewogen? Neuere Studien stellen fest, dass die vereinbarten Quotenregelungen für den im Anhang II (CITES) gelisteten Netzpython auf Dauer nicht mehr tragbar sind. Die Fanggebiete, um die festgelegten Quoten zu erreichen, dehnen sich Jahr für Jahr aus, da meist der in Händlernähe früher heimische Wildpopulationsbestand abgefangen wurde.

*

IM SINNE EINER Annäherung einer nachhaltigen Nutzung wäre zum einen eine für einen bestimmten Zeitraum festgelegte »Null-Quote« denkbar, d. h. das Ursprungs- und Exportland darf keine Netzpythons in den Handel bringen. Hierbei gerät eine Kontrollfunktion solcher Maßnahmen ins Hintertreffen, d. h. die Nutzung könnte lokal weitergeführt und die Häute bis zur Aufhebung der Quote gelagert werden.

Ein anderer Ansatz ist die Erkenntnis über den Nutzen des Netzpythons für die Agrarwirtschaft. In Vietnam hat man 1997 den ökologischen Nutzen von *Python reticulatus* als »Rattenfresser« erkannt. Die jährlichen Ernteeinbußen von Reis durch die Nager gehen in die Millionen Dollar. Eine Aufklärungskampagne sollte den Wert der Pythons in der lokalen Bevölkerung steigern.
Es ist anzunehmen, dass diese Kampagne deutlich für den Exportrückgang aus Vietnam verantwortlich ist (vgl. Abb. Seite 149) - ein Beispiel, das in den Ländern beziehungsweise Gebieten intensiver Landwirtschaft mit Nagerplage Schule machen sollte.

*

DIESES KAPITEL MACHT deutlich, dass der Handel von Anhang-II-Arten (die 4 hier porträtierten Riesenschlangenarten), der über Jahrzehnte international etabliert ist, einer ständigen Beobachtung und Kontrolle ausgesetzt werden muss, vor allem in einer Zeit wachsender ökonomischer Interessen. Die sonst so an den Menschen angepassten Riesenschlangenarten sind ohne Zweifel in ihrem Weltbestand verwundbar, und es gilt dieses vor allem den »Nutzern« aufzuzeigen, um am Ende allen gerecht zu werden. Mit Schlangenhaut fotografisch bedruckte Kalbsledervorlagen bieten möglicherweise für eine kleine Verbrauchergruppe eine Alternative zur »echten« Ware. Es bleibt eine Herausforderung, die Schnittmenge von Verbraucherinteressen, Ökonomie und Ökologie zu formulieren und umzusetzen - eine interdisziplinäre Aufgabe für Forscher, Industrielle und Artenschützer.

Glossar

Abiotische Faktoren: Unbelebte Umweltfaktoren, die auf die verschiedenen Organismen einwirken. Dazu gehören u. a. das Klima, Gase und Wasser, Nährstoffe, Wind, Strömungen, Bodeneigenschaften und das Landschaftsrelief.

Biotische Faktoren: Belebte Umweltfaktoren, zu denen alle Organismen wie z. B. Mikroorganismen, Pflanzen, Tiere und der Mensch oder die Art der Nahrung in einem Ökosystem gehören.

Aftersporne: Je eine Kralle rechts und links von der Kloake, die entwicklungsbiologisch Überbleibsel von hinteren Gliedmaßen (= Beinrudimente) darstellen.

Biotop: Ein Lebensraum, der sich von benachbarten Gebieten abgrenzt und zusammen mit einer bestimmten Lebensgemeinschaft verschiedener Organismen das Ökosystem bildet.

Dorsalia: Rückenschuppen der Reptilien, die bei allen Schlangen bis an die Bauchschienen (= Ventralia) heranreichen.

Generalisten: Tier- oder Pflanzenarten, die geringe Ansprüche an bestimmte Umweltbedingungen stellen und sich verhaltensökologisch auch verschiedenen Umweltstörungen anpassen können, z. B. Tierarten von Kulturlandschaften.

Genitaltaschen: Schmale und längliche links und rechts neben der Kloakenöffnung in Richtung Schwanzspitze befindliche Hohlräume der paarig angelegten eingestülpten Genitalorgane. vgl. Sondierung

Glockenkurve: Verteilungsgrafik eines Merkmals, beispielsweise der Länge, bei der die kürzesten und die längsten Tiere am seltensten und diejenigen mit mittlerer Länge am häufigsten vorkommen.

Habitat: Lebensraum, der von einer Art genutzt wird und günstige Bedingungen aufweist.

Herpetologe: Wissenschaftler, der sich mit Amphibien und Reptilien befasst.

Herpetologie: Fachrichtung innerhalb der Zoologie, die sich auf Amphibien und Reptilien beschränkt.

Jacobson'sches Organ: Zusätzliches Geruchsorgan bei vielen Amphibien, Reptilien und Säugetieren. Das Riechepithel befindet sich in einer Ausstülpung im oberen Gaumen.

Kommensalismus: Form einer zwischenartlichen Beziehung, bei der eine Art von der Nahrung der zweiten Art profitiert, ohne diese dabei zu schädigen.

Kommentkampf: Eine angeborene und ritualisierte Auseinandersetzung zweier gleichgeschlechtlicher Tiere einer Art, zur Klärung von Rangordnung, Revierfeststellung oder Paarungsanspruch.

Kryptozoologie: Ein wissenschaftlicher Zweig der Zoologie, der sich mit der Existenz von Tierformen befasst, die durch Zeugenaussagen und andere Indizien bekannt wurden, deren Existenz allerdings angezweifelt wird und die damit wissenschaftlich offiziell nicht anerkannt sind.

Llanos: Überschwemmungssavannen in Venezuela und Kolumbien.

Lydekker-Linie: Eine im Jahre 1896 nach dem britischen Naturforscher R. Lydekker benannte imaginäre zoogeografische Linie, die den australischen Schelf (Sahulschelf) abzeichnet und die westlichste rein australische Ausbreitungsgrenze bzw. die östlichste Grenze orientalischer Faunenelemente markiert; sie ist sozusagen das Gegenstück der Wallace-Linie (siehe Karte S. 24).

Morphometrie: Charakterisierung von Objekten oder Lebewesen durch Vermessung.

Ökologische Nische: Definiert Position und Rolle einer Art innerhalb eines Ökosystems. Hierbei werden Merkmale und Bedürfnisse der Art sowie Umweltfaktoren in ihrer Wechselwirkung betrachtet.

Opportunist: Art, die flexibel auf die Umwelt reagieren und sich bietende Gelgenheiten nutzen kann.

Ovoviviparie: Fortpflanzungsweise, bei der die Embryonalentwicklung im Ei meist völlig im mütterlichen Genitaltrakt stattfindet. Die Jungen schlüpfen aus einer kalkfreien Eihülle während oder kurz nach der Geburt.
Ozellen: Kringelförmige Farbstruktur, bei der ein helles Zentrum von einem dunklen Rand umgeben ist.
Population: Gesamtheit der Individuen einer Art, die einen bestimmten, zusammenhängenden Lebensraumabschnitt bewohnen und durch mehrere Generationen genetische Kontinuität zeigen.
Selektion (natürliche): Die natürliche Auslese. Ein Vorgang, bei dem in jeder Generation die besser an ihre Umwelt angepassten Individuen einer Population überleben.
Sondierung: Das Eindringen mit einer medizinischen Knopfsonde (zur Schwanzspitze hin) in die eingestülpten Genitalien (Kopulationsorgane). Eine größere Eintauchtiefe beschreibt männliche, eine geringere weibliche Tiere.
Subcaudalia: Schuppen der Schwanzunterseite, die paarig, unpaarig oder individuell paarig / unpaarig angeordnet sein können.
Taxon: (Pl. Taxa): Kategorie einer (systematischen) Gruppe, die eine verwandtschaftliche Einheit bildet, wie z. B. Familie, Gattung oder Art.
Transekt: Nach bestimmten Kriterien festgelegter Untersuchungsabschnitt, z. B. eine 500 m Linie in einem bestimmten Lebensraum oder einem Probeentnahmegebiet.
Ventralia: Bauchschuppen der Reptilien, deren Anzahl ein wichtiges artspezifisches Kriterium bei fast allen Schlangen ist.
Wallace-Linie: Eine im Jahre 1858 nach dem britischen Naturforscher A. R. Wallace benannte imaginäre zoogeografische Linie, die den Sundaschelf abzeichnet und die östlichste Ausbreitungsgrenze einer rein orientalischen Fauna bzw. die westlichste Ausbreitungsgrenze australischer Faunenelemente markiert; sie ist sozusagen das Gegenstück zur Lydekker-Linie (s. Karte S. 24).
Wallacea: Ein in der Tiergeografie als »indo-australisches Zwischengebiet« definierter Raum. Seine Westgrenze beschreibt der Verlauf der Wallace-Linie, also der Sundaschelf (daher schließen einige Experten die Philippinen mit ein) und die Ostgrenze die Lydekker-Linie, die den Sahulschelf abzeichnet.
Weber-Linie: Diese 1902 nach Hr. Weber beschriebene imaginäre Linie, basierte ursprünglich auf einer mehr oder minder gleichgewichtigen Verbreitung der Süßwasserfische orientalischer und australischer Herkunft. Sie wurde allerdings 1944 durch den deutschen Biologen Ernst Mayr neu als die Linie eines Faunengleichgewichts definiert, in dem links der Linie mehr als 50 % orientalischer Arten vorkamen und rechts der Linie mehr als 50 % australischer Arten.

Weiterführende Literatur und Quellen

Auliya, A. (2006): Taxonomy, Live History and Conservation of Giant Reptiles in West-Kalimantan. - Natur und Tier-Verlag, Münster, 432 S.

Auliya, M., P. Mausfeld, A. Schmitz & W. Böhme (2002): A Review of the Reticulated Python *(Python reticulatus* Schneider, 1801) with the description of two subspecies from Indonesia. - Naturwissenschaften 89(5): 201-213.

Auliya, M. (2002): A trap designed for capturing *Python reticulatus* (Serpentes: Pythonidae) in the wild. - Hamadryad, 27(1): 142-145.

Auliya, M. & F. Abel (2000): Zur Taxonomie, geographischen Verbreitung und Nahrungsökologie des Netzpythons *(Python reticulatus)*. Teil 1: Taxonomie und geographische Verbreitung. - herpetofauna 127: 5-18.

Auliya, M. & F. Abel (2000): Zur Taxonomie, geographischen Verbreitung und Nahrungsökologie

des Netzpythons *(Python reticulatus)*. Teil 2: Nahrungsökologie. - herpetofauna 128: 19-28.
Bauchot, R. (1994): Schlangen. - Bechtermünz Verlag, im Weltbild Verlag Augsburg, 240 S.
Bhatt, K. & B. C. Choudhury (1992): The diel activity pattern of Indian Python *(Python molurus molurus* Linn.) at Keoladeo National Park, Bharatpur, Rajasthan. - J. Bomb. Nat. Hist. Soc. 90: 394-403.
Bhupathy, S. & V.S. Vijayan (1989): Status, distribution and general ecology of the Indian rock python, *Python molurus molurus* Linn. in Keoladeo National Park. - J. Bomb. Nat. Hist. Soc. 86: 381-387.
Bisplinghof, H. & H. Bellosa (2007): Praxisratgeber Anakondas. - Chimaira-Verlag, 112 S.
Broadley, D.G. (1984): A review of geographical variation in the African python *Python sebae* (Gmelin). - Brit. J. Herp. 6: 359-367.
Dirksen, L. (1999): Mythos Anakonda. - Reptilia 4(5): 34-37.
Dirksen, L. (2001): Rekordexemplare und Menschenfresser. - Draco 5: 26-31.
Dirksen, L. (2002): Anakondas. - Natur und Tier-Verlag Münster, 192 S.
Dirksen, L. (2006): Mit Sonar und Guillotine auf Anakondajagd. - Reptilia 58: 44-50.
Dirksen, L. & M. Auliya (2001): Zur Systematik und Biologie der Riesenschlangen (Boidae). - Draco 5: 4-19.
Dirksen, L. & P. Strimple (2000): Auf der Suche nach der Riesenanakonda; Expeditionsbericht aus Ecuador. - Reptilia 26: 30-34.
Ditmars, R.L. (1931): Snakes of the World. - MacMillan Comp., New York, 207 S.
Dunn, E.R. & R. Conant (1936): Notes on anacondas, with descriptions of two species. - Proc. Acad. Nat. Sci. 88: 503-506, Plate 14: Fig. 1 + 2.
Fuchs, K. (2003): Die Reptilienhaut - ein wichtiger Merkmalsträger bei der Identifizierung von Echsen und Schlangen. - Edition Chimaira, Frankfurt / Main, 384 S.
Gilmore, R.M. & J.C. Murphy (1993): On large anacondas, *Eunectes murinus* (Serpentes: Boidae), with special reference to the Dunn-Lamon record. - Bull. Chicago Herp. Soc. 28(9): 185-188.
Groombridge, B. & R. Luxmoore (1991): Pythons in South East Asia - A review of distribution, status and trade in three selected species. - A report to CITES Secretariat, Lausanne, Switzerland, 127 S.
Harvey M.B., Barker D.G, Ammermann L.K. & P.T. Chippendale (2000): Systematics of pythons of the *Morelia amesthistina* complex (Serpentes: Boidae) with the description of three new species. - Herp. Monogr 14: 139-185.
Kluge G. (1993): *Aspidetes* and the phylogeny of pythonine snakes. - Rec. Aust. Mus. [Suppl 19]: 1-77.
Luiselli, L., F.M. Angelici & G.C. Akani (2001): Food habits of *Python sebae* in suburban and natural habitats. - Afr. J. Ecol. 39(1): 116-118.
Murphy, J.C. & R. Henderson (1997): Tales of giant snakes. - Krieger Publ. Comp., Malabar, 221 S.
Petzold, H.-G. (1982): Die Anakondas.- A. Ziemsen Verlag, Wittenberg Lutherstadt, 142 S.
Pope, C.H. (1961): The Giant Snakes. - Routledge & Kegan Paul Ltd., London, 290 S.
Rawlings, L.H., D. Barker & S.C. Donnellan (2004): Phylogenetic relationships of the Australo-Papuan *Liasis* pythons (Reptilia: Macrostomata), based on mitochondrial DNA. - Austr. J. Zool. 52: 215-227.
Shine, R., P.S. Harlow, J.S. Keogh & Boaedi (1998): The allometry of life-history traits: insights from a study of giant snakes *(Python reticulatus)*. - J. Zool. 244: 405-414.
Shine, R., P.S. Harlow, J.S. Keogh & Boeadi (1998): The influence of sex and body size on food habits of a giant tropical snake, *Python reticulatus*. - Funct. Ecol. 12: 248-258.

Shine, R., Ambaryianto, P.S. Harlow & Mumpuni (1999): Reticulated Pythons in Sumatra: biology, harvesting and sustainability. - Biol. Cons. 87: 349-357.

Smith, H.M., D. Chiszar, K. Tepedelen & F.v. Breukelen (2001): A revision of the bevelnosed boas *(Candoia carinata* complex) (Reptilia: Serpentes). - Hamadryad 26(2): 283-315.

Starin, E.D. & G.M. Burghardt (1992): African rock pythons *(Python sebae)* in the Gambia: Observations on natural history and interactions with primates. - Snake 24: 50-62.

Strimple, P.D. (1993): Overview of the natural history of the green anaconda *(Eunectes murinus)*. Herp. Nat. Hist. 1 (1): 25-35.

Strimple, P. & L. Dirksen (2001): *Eunectes murinus* (Green Anaconda). Escape behavior and respiration. - Herp. Rev. 32(2): 106-107.

Strimple, P.D., G. Puorto, W.F. Holmstrom, R. Henderson & R. Conant (1997): On the status of the anaconda *Eunectes barbouri* Dunn & Conant. - Journal of Herpetol. 31(4): 607-609.

Underwood G. & A.F. Stimson (1990): A classification of pythons (Serpentes, Pythoninae). J Zool. 221: 565-603.

Waller, T., P.A. Micucci & E.P. Buongermini (1995): Distribución y conservación de la familia Boidae en el Paraguay. - Autoridad Científica CITES Paraguay, Secretaría CITES y TRAFFIC Sudamérica. Informe Inédito, Asunción, 57 S.

Referenzen, die in den Tabellen benannt werden

Anonym (1988): World's largest python in Nicobar. News Today, December 27, 1988. Reprinted in Hamadryad 13(2): 9.

Bancroft, E. (1769) (1971 reprint): An essay on the natural history of Guiana. New York: Aron Press and the New York Times, 402.

Barbour, T. (1926): Reptiles and Amphibians, their habits and adaptations. - Boston, New York.

Barton, A.J. & W.B.Jr. Allen (1961): Observations on the feeding, shedding and growth rates of captive snakes (Boidae). - Zoologica, New York 46: 83-87.

Bellosa, H. (2007): *Python molurus*. Der Tigerpython.- Natur und Tier-Verlag Münster, 111 S.

Binnie, A. (2000): An Introduction to the Reticulated Python *Python reticulatus*.- Reptilian 6(3): 44-47.

Branch, W.R. (1984): Pythons and people: predators and prey. - African Wildlife, 38(6):236-237, 240-241.

Buck, F. (1932): Wild Cargo. -New York, Simon & Schuster.

Cansdale, G. S. (1961): West African snakes. - West African Nature Handbooks, Longmans.

Cantor, T. (1847): Catalogue of reptiles inhabiting the Malayan Peninsula and Islands, collected or observed. - Calcutta: J. Thomas at the Baptist Mission Press.

Davis, R. (1974): Not quite striking distance. - The Evansville Courier (Indiana) Oct 3, 1974.

Deoras, P.J. (1965): Snakes of India. - Nat. Book Trust, New Delhi, 148 S.

Deraniyagala, P.E.P. (1955): A colored atlas of some vertebrates from Ceylon Vol. 2 & 3. - Tetrapod Reptilia and Serpentoid Reptilia. - Colombo, 220 S.

Duncan, J. (1847): Travels in Western Africa in 1845 and 1846. Comprising a journey from Whydah, through the kingdom of Dahomey to Adofoodia in the interieur. - London: Richard Bentley, 2 Vols.

Dunn, E.R. (1944): Los generos de anfibios y reptiles de Colombia, III Tercera Parte: Reptiles; orden de las serpientes. - Caldasia, 3(12): 155-224.

Eggleston, D.W. (1994): Boas & Pythons: The Big Gays. - Reptiles Vol.1 (5): 36-51.

Flower, S.S. (1899): Notes on a second collection of reptiles made in the Malay Peninsula and Siam, from November 1896 to September 1898, with a list of the species recorded from those countries. - Proc. Zool. Soc. London, 1899: 600-697.
Fountain, P. (1904): The Great Mountains and Forests of South America. - London, Longmans, Green and Co, 306 S.
Forsyth, W. (1911): Habits of the Python *(Python molurus)*. - J. Bomb. Nat. Hist. Soc., Vol. 21 (1911): 277-278.
Kingsley, M.H. (1897): Travels in West Africa. - New York, Macmillan.
Mayer, C. (1920): Recruiting for the menagerie.- Asia 1920: 849-854.
McFalran, D. (1991): The Guinness Book of World Records 1991. - New York, Bantam Books, 320 S.
Mole, R.R. (1924): The Trinidad snakes. - Proc.Zool. Soc., London 1924: 235-278.
Oliver, J.A. (1958): Snakes in Fact and Fiction. - The Macmillan Comp., New York, 180 S.
Pritchard, P.C.H. (1994): Letter to editors: The Tympanum. - Bull. Chicago Herpetol. Soc. 29 (2): 37-39.
Quelch, J.J. (1898): The Boa-constrictors of British-Guiana. - Annals and Magazine of Natural History, Series 7, Vol. 1 (1898): 296.
Raven, H.C. (1946): Adventures in python country. - Nat. Hist., Vol. 55 (1946): 38-41.
Ridley, H.N. (1899): The habits of Malay reptiles. - Jour. of the Straits Branch of the Royal Asiatic Soc. 32: 185-210.
Smith, M.A. (1943): The fauna of British India, Ceylon and Burma including the whole Indo-Chinese sub-region. - Reptilia and Amphibia. Vol. 3. Serpentes. London, Tayler and Francis: 583 S.
Sweeney, R.C.H. (1961): Snakes of Nyasaland. - Nyasaland Society, Zomba, Malawi: 200 S.
Tweedie, M.W.F. (1957): The Snakes of Malaya. Singapore: Singapore National Printers.
Van Rompaey, H. (1985): A rock python with a taste for veal (letter to editor). - African Wildlife, 39(6): 85.
Vosjoli, P. de (1997): Burmese pythons plus reticulated pythons and related species. - AVS, Inc., Irvine, 79 S.
Wall, F. (1921): The Snakes of Ceylon. - H.R. Cottle, Colombo.
Wallace, A.R. (1853): A narrative of travels on the Amazon and Rio Negro. - London, Reeve & Co.
Walls, J.G. (1998): The living pythons. - T.F.H. Publ. Inc., Neptune City, 288 S.

Webseiten

www.anakondas.de
www.henrybellosa.de
www.iucnredlist.org
www.cites.org
www.reptile-database.org
www.dght.de

Danksagung

Für das Zur-Verfügung-Stellen von Fotos danken wir: Azmaidi Abidin, Brady Barr, César L. Barrio-Amorós, Thomas Bujard (Darwinvest), Ashok Captain, Lee Grismer, Stephen Hogg, William Holmstrom, Mario Jachmann, Rick Prebeck, Herbert Schaar, Mark O'Shea, Stern TV, Pete Strimple, Christine Strüssmann und Michael Wolschendorf. Mario Jachmann danken wir für viele wertvolle Informationen und Ulrike Dörner für das Korrekturlesen des Manuskriptes.

Fette Zahlen sind Hauptverweise

Bildnachweis

Abidin: 121o, 121u
Action press: 106
akg images: 110/111, 113
Ashok Captain: 18, 20, 78
Auliya: 11, 12, 25, 27, 28, 29, 40o, 49, 66, 79, 86/87, 95, 96, 98/99, 101, 148ol, 148or, 148ml, 148mr, 148ur
Barr : 83, 109
Barrio : 8/9, 15, 16u, 140/141
Bellosa: 130
Botzek: 33
Bujard © jtb@darwinvest.com.ec: 53ul, 53um, 53ur
Dirksen: 16o, 17o, 21, 32, 34/35, 40u, 41, 43, 44/45, 47, 61, 64, 70/71, 88, 91, 93ol, 93or, 93ml, 93mr, 93u, 97, 122, 126, 129, 137, 143
Fuchs: 1, 22, 60
Grismer: 26
Hogg: 5
Holmstrom: 17u
i&u Information und Unterhaltung, TV Produktion GmbH & Co.KG: 133l
Jachmann: 69, 108, 133r, 135
König: 31, 39, 77
Naturhistorisches Museum Basel: 51
O'Shea: 132
Prebeck: 53ol, 53or
Reinhard: 2/3, 37, 67, 124/125, 139, 146
Schaar: 48
Stiftung Stadtmuseum Berlin/Christel Lehman: 128l
Strimple : 56/57, 63r, 63l
Strussmann: 59
Wolschendorf/www.lakaa.de: 127

Karten Seite 14, 19, 24, 30: Computergrafik Jörg Mair nach Vorlagen der Autoren

Die nachfolgend aufgeführten Abbildungen wurden folgenden Werken entnommen:

Barone, S. (2004): Giant snakes of Bygone Days. - Reptilia 37 vom Dezember 2004. S. 52, 105 o, 117, 118, 119, 120, 123, 128 r
Bisplinghof, H. & H. Bellosa (2007): Praxisratgeber Anakondas. Chimaira-Verlag. S. 55
Das Tier vom Januar 1973. S. 136
Dirksen, L. (1999): Mythos Anakonda. - Reptilia 4 (5): 34 - 37. S. 115
Münchner Wochenblatt 45 vom 08.11.2000. S. 102
Murphy, J.C. & R. Henderson (1997): Tales of giant snakes. - Krieger Publ. Comp., Malabar. S. 10, 85, 114
New Straits Times vom 14.03.2006. S. 82
New Straits Times vom 06.09.1995. S. 104
Petzold, H.-G. (1982): Die Anakondas. - A. Ziemsen Verlag, Wittenberg Lutherstadt. S. 72
Weekly World News vom 08.01.1991. S. 105 u

Autoren und Verlag danken den Inhabern der Rechte für die Genehmigung zum Abdruck der Abbildungen. Trotz aller Bemühungen waren für einige Abbildungen die Rechteinhaber nicht zu ermitteln. Sie werden gebeten, sich an den Verlag zu wenden.

Foto S. 1: Dunkler Tigerpython
Foto S. 2: Netzpython
Foto S. 5: Netzpython

Bibliographische Information der Deutschen Bibliothek

Die Deutsche Bibliothek verzeichnet diese Publikation in der Deutschen Nationalbibliographie; detaillierte bibliographische Daten sind im Internet über http://dnb.ddb.de abrufbar.

BLV Buchverlag GmbH & Co. KG
80797 München

Umschlaggestaltung: Anja Masuch, Fürstenfeldbruck
Umschlagfotos: König (vorne), Auliya (hinten links und rechts), Dirksen (unten)

Lektorat: Dr. Friedrich Kögel, Dr. Eva Dempewolf

Herstellung: Hermann Maxant

Layoutkonzept Innenteil: fuchs_design, Ottobrunn

Satz: Satz + Layout Peter Fruth GmbH

Gedruckt auf chlorfrei gebleichtem Papier

Printed in Germany
ISBN 978-3-8354-0282-9

Eine kleine Auswahl aus unserem Programm

Der Tier- und Pflanzenführer für unterwegs
Das kompakte Bestimmungsbuch mit 900 Tier- und Pflanzenarten und 1350 Farbfotos – ideal für unterwegs; mit bis zu 5 Fotos pro Art und Sonderteilen, die das Bestimmen zusätzlich erleichtern.
ISBN 978-3-8354-0019-1

Michael Lohmann
Der BLV Tierführer für unterwegs
Details erkennen – sicher bestimmen: Säugetiere, Vögel, Reptilien, Amphibien, Insekten und andere in naturgetreuen Zeichnungen; Kennzeichen, Vorkommen, Lebensweise und interessante Fakten.
ISBN 978-3-8354-0054-2

Einhard Bezzel
Vögel im Jahreslauf
Ausführliche Informationen, welche Vögel Monat für Monat in Garten und Park, im Wald, auf Wiesen, auf Feldern und am Wasser zu beobachten sind; Besonderheiten der jeweiligen Jahreszeit, Beobachtungssituationen, besondere Arten, u.v.m.
ISBN 978-3-8354-0186-0

Henry Bellosa/Lutz Dirksen/Mark Auliya
Faszination Riesenschlangen
Das ultimative Riesenschlangen-Buch mit sensationellen Fotos: spektakuläre Storys über Rekordschlangen und ihre Übergriffe auf Menschen, über Exepeditionen und Entdeckungen; bedrohte Arten, Haltung in der Wohnung und vieles mehr.
ISBN 978-3-8354-0282-9

Mario Ludwig
Welcher Bär frisst Zyankali?
Fit fürs Naturquiz: 444 x Rätselspaß in Fragen und Antworten zu kuriosen und interessanten Details aus der Tier- und Pflanzenwelt; Rekorde und Superlative, amüsante Fakten und witzige Storys – illustriert mit heiteren Zeichnungen von Jan Gulbransson.
ISBN 978-3-8354-0222-5

Rémy Wenger (Hrsg.)
Höhlen – Welt ohne Licht
Geheimnisvolle Orte des Schweigens, eine Wunderwelt unter Tage: die Faszination und der Zauber von Höhlen in spektakulären Fotos; Entstehung, Höhlenformen, Tierleben, Forschung und die bedeutendsten Höhlen der Welt.
ISBN 978-3-8354-0298-0

Die zuverlässigen Berater

BLV Bücher bieten mehr:

- mehr Wissen
- mehr Erfahrung
- mehr Innovation
- mehr Praxisnutzen
- mehr Qualität

Denn 60 Jahre Ratgeberkompetenz sind nicht zu schlagen!

Dass Sie sich gut beraten fühlen – das ist unser Ziel. Falls Sie Fragen und/oder Anregungen haben, schreiben Sie uns bitte:

BLV Buchverlag GmbH & Co. KG
Lektorat · Lothstraße 19
80797 München
Postfach 40 02 20
80702 München
Telefon 089/12 02 12-0 · Fax -121
E-mail: blv.verlag@blv.de

Unser Buchprogramm umfasst über 750 Titel zu den Themen **Garten · Natur · Heimtiere · Jagd · Angeln · Sport · Golf · Reiten · Alpinismus · Fitness · Gesundheit · Kochen.** Ausführliche Informationen erhalten Sie unter **www.blv.de**

blv

MEHR ERLESEN!